JN421863

KSSC-24-01

강구조

한국강구조학회

도서출판
구미서관

발 간 사

토목 및 건축 분야의 학생, 실무자 여러분.

주변에서 흔히 볼 수 있는 구조물들 중 강재로 된 구조물의 건축 원리를 이해하고 강구조를 좀 더 친숙하게 활용할 수 있는 계기가 되도록 하는 기대로 "강구조"라는 책을 발간하게 되었습니다.

이 책은 강구조물(Steel structures)에 대한 기초 지식과 설계개념, 역학적 거동에 대한 개념과 이론, 부재의 설계 방법 등을 다루고 있습니다. 기존의 "강구조공학" 책은 강구조의 기초를 배우려는 학생부터 대학원생까지 접하는 넓고 깊은 범위를 포함하고 있는 반면, 이 책은 토목, 건축 분야에 관계없이 강재를 재료로 하는 구조물을 이해하고 실무에 적용하고자 하는 전문대학을 포함한 대학생, 실무회사의 엔지니어를 대상으로 하고 있습니다.

이 책은 토목, 건축 분야의 실무자들이나 토목 및 건축공학에 관심을 가진 모든 독자에게 강구조에 대한 기초 지식을 전달하고, 강구조물의 역학적 개념부터 부재설계까지 개념적인 접근방식으로 구성되어 있어 강구조를 처음 접하는 독자에게 학문적인 이해뿐만 아니라 실무에서의 강구조물 설계의 개념적 이해에 도움을 줄 수 있습니다.

강구조물에 대한 이해에 있어 학문적 접근을 쉽게 하고자 어려운 수식이나 이론은 덜어내고 강구조에 대한 이해를 위한 실무 예제와 사례를 포함하였습니다. 또한, 대학에서는 강구조공학의 교재로도 활용될 수 있도록 1~2학기 강의 내용으로 구성하여 대학생 초년생들과 전문대학교 학생들에게 적합한 분량과 내용의 깊이로 구성하여 학습에 대한 부담을 크게 줄이고자 노력하였습니다.

이 책을 통하여 배운 강구조물에 대한 기초 지식이 강구조를 다루는 학생 및 실무자의 지식과 경험, 실무능력 확장에 활용되어 여러분들의 실무역량 향상에 조금이나마 도움이 될 수 있기를 바랍니다.

감사합니다.

第17대 한국강구조학회 회장
한양대학교 건설환경공학과 교수 최동호

금번에 발간되는 “강구조” 초판에서는 (사)한국강구조학회의 강구조설계, 강구조 공학과 국토교통부 건축구조기준 등을 반영하여 발간하였습니다.

강구조는 철근 콘크리트구조와 함께 건축, 토목 분야에서 많이 사용되는 구조 방식으로, 이 책은 강재의 제조·설계, 강구조 접합부의 개요, 볼트와 용접부를 포함한 각종 접합재 및 접합요소, 강재의 부재 일람표 및 각종 제원 부록 등이 포함되어 있으며 관련 내용들을 독자들이 쉽게 이해할 수 있도록 예시와 그림, 도표들을 최대한 활용하여 집필하였으며 강구조에 대하여 학습하고자 하는 건축과 토목 분야 학부 학생들과 건설기술자를 대상으로 출간하였습니다.

또한, 강재의 개요뿐만 아니라, 제조와 설계, 시공되는 전 과정을 담고 있으며 강재 간의 접합뿐만 아니라 강재의 성질로 인하여 고려해야 하는 압축 때 일어나는 좌굴과, 휨재, 인장 등에 관하여도 도식과 수식과 함께 자세히 설명되어 있으며 다른 부재와의 접합 혹은 합성, 예를 들어 콘크리트 등과의 합성되는 데크플레이트, 철골 철근 콘크리트 구조 등의 방식에 관하여도 자세히 설명되어 있습니다.

또한, 위 내용들은 저자들이 강의 및 실무 경험을 바탕으로 구성되었고 실제 강재 구조설계 전 과정을 통하여 설계기준의 적용 방법과 주요 부재에 대한 구조설계 및 접합부 등을 구체적으로 제시한 사례와 예제 문제들도 있어 강구조의 설계 방법 및 유의할 점에 대하여 쉽게 이해할 수 있도록 도움을 줄 것입니다.

이 책은 오랜 기간 동안 많은 분들의 헌신적인 노력과 상호 검토를 거쳐 완성되었습니다. 먼저, 강구조를 처음 접하는 학생 및 실무자들이 쉽게 이해할 수 있도록 고심하여 집필해주신 집필진 여러분과 아낌없는 조언을 해주신 자문위원님들께 깊은 감사를 표합니다. 또한, 구미서관 임직원님들에게는 특별한 감사의 인사를 전합니다. 여러분의 노력으로 이 책은 보다 완성도 높은 결과물이 되었습니다.

한국강구조학회 회장

서울대학교 건축공학과 교수 이철호

머 리 말

이 책은 건축과 토목 분야 학부 학생과 건설기술자를 대상으로 강구조에 대한 이해를 쉽게 하도록 기획되었다. 이를 위해 강구조 관련 기본개념과 기초이론을 중심으로 아래와 같이 9개의 장으로 내용을 구성하였다.

제1장 : 강구조의 개요
제2장 : 강재
제3장 : 강구조의 설계
제4장 : 인장재
제5장 : 압축재
제6장 : 휨재
제7장 : 연결/접합
제8장 : 부재연결/부재접합/부재의 접합
제9장 : 합성부재
부 록 : 부재 일람표 및 각종 제원

이 책은 저자들의 강의 및 실무 경험과 강의자료를 기반으로 구성되었으며, 각 장의 내용은 강구조를 이해하는 데 도움이 되도록 사진, 그림과 도표 등을 최대한 사용하여 설명하고자 하였다. 중요개념은 독자들 스스로 조사하여 학습할 수 있도록 각 장마다 연습문제와 참고문헌을 준비해 두었다.

이 책은 건축과 토목을 처음 배우는 학생들은 물론이고 실무 현장에서 일하는 기술자들이나 각종 기술자격시험과 국가고시를 준비하는 고시생들에게도 도움이 되리라 생각한다. 탐구적인 학습과정을 통해서 설계, 구조, 시공 등 건축 및 토목 실무현장에서 적용 가능한 지식과 정보의 체계를 갖추고 확장할 수 있으리라 기대한다.

현재 학회에서 출간하는 교재로는 건축분야 “강구조설계”와 토목분야 “강구조공학” 2권이 있다. 그럼에도 이 책을 집필하게 된 배경은 대학마다 강구조 학습을 위한 학부 교과과정에 1~2학기 확보가 쉽지 않은 현실을 반영하여, 강구조 수업을 제한된 시간에 효율적인 학습이 될 수 있도록 하는데 있다. 또한 건축과 토목 분야에서 강구조에 대한 기본개념과 기초이론의 동일성을 감안하여 저자들과 학회 운영진들이 동의하여 건축과 토목 분야를 통합하여 집필하게 되었음을 전한다.

이 책을 집필함에 있어 기존의 강구조설계, 강구조공학 그리고 강구조설계이해 등 학회 출간 저서 내에 훌륭한 자료들을 활용하여 만들게 되었음에 대해 깊은 사의를 표합니다.

끝으로 이 책의 출판에 깊은 이해와 적극적인 협조를 해 준 구미서관 임직원분들께 심심한 감사를 드립니다.

2024년 1월

저자 일동

차 례

제7장 접합

제8장 부재 접합부

제9장 합성부재

Steel Structures

제1장 강구조의 개요

1.1 개요
1.2 국내·외 강구조의 역사
1.3 국내·외의 주요 강구조 건축물
1.4 강구조 설계기준의 변천사

1.1 개요

강구조는 철근 콘크리트구조와 함께 건축, 토목 분야에서 근·현대를 대표하여 많이 사용되고 있는 구조물이다. 강구조물은 일반적으로 강재(Steel)를 압연하거나 조립하여 만든다. 각종 형강의 부재들은 고장력볼트, 용접 등의 접합을 통하여 구조물을 형성시킨다. 그림 1.1은 강구조물에 많이 사용되고 있는 다양한 형강의 종류를 보여주고 있다.

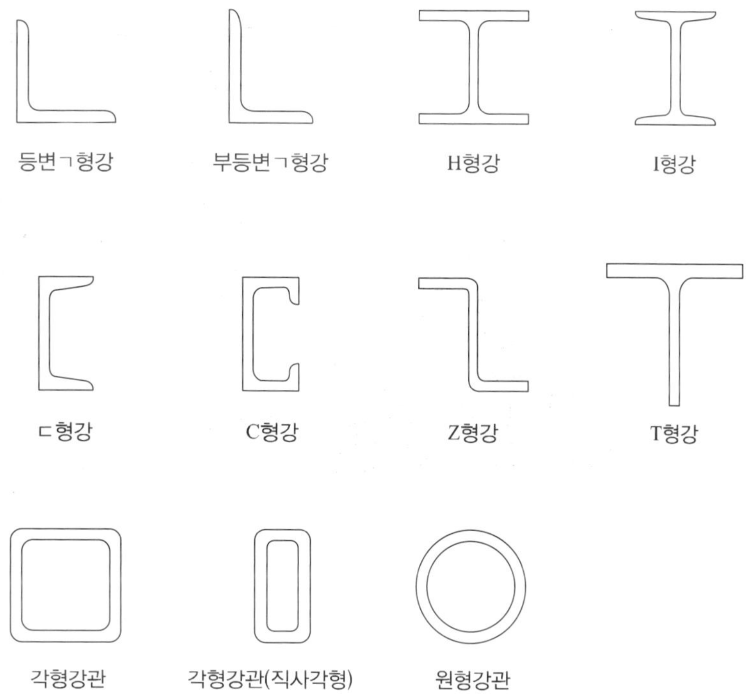

그림 1.1 다양한 형강의 종류

강재는 강도와 인성이 매우 우수한 구조재료로, 건축물, 교량, 공작물 등의 건설에서 중요한 구조재료로 사용되고 있다. 특히, 강구조는 부재의 공작 제작과 현장조립을 통하여 동바리와 거푸집의 가설 부재가 필요 없거나 최소화할 수 있다. 또한, 현장 작업의 간소화, 시공 기간 단축, 인건비 절감 등의 장점을 확보를 할 수 있어 노동력이 절감되는 시스템화된 구조시스템으로 수요가 늘고 있으며, 최근 건축 및 토목 구조물의 고층화, 대형화 등에 적용 확대가 기대되고 있다. 그림 1.2는 강구조물에 대표적인 사례로 1889년 프랑스 파리박람회를 위해 건설된 높이 300m의 에펠탑을 보여주고 있다.

그림 1.2 에펠탑

강구조의 특징

강재는 콘크리트에 비해 단위 면적당 강도 및 강성이 크다. 또한 인성이 커서 변형에 유리하고 소성 변형능력이 우수하다. 따라서, 고층건축이나 장스팬 구조에 적합하며 내풍, 내진구조에 유리하다. 그림 1.3은 국내·외를 대표하는 최대장경간 강구조 건축물인 서울대학교 관정도서관(a), 국내 최대높이의 롯데월드타워(b), 최장길이의 현수교인 차나칼레대교(c)을 보여주고 있다.

(a) 서울대학교 관정도서관

(b) 롯데월드타워

(c) 차나칼레대교

그림 1.3 국내·외를 대표하는 강구조물

강구조는 철근 콘크리트구조에 비교하여 강재의 재료적 특성과 조립법이라는 특성 때문에 많은 장점을 갖고 있다. 강재는 인장강도, 압축강도, 전단강도가 높으며 균질성을 지니고 있어서 구조 안전성에서 신뢰성이 우수한 구조재료이다. 또한, 강재는 탄성이 우수하고, 연성이 크며, 충격 및 변형에 강하다. 그러나 일반적인 강재가 표면처리나 칠을 하지 않았을 경우 녹슬기 쉽고, 고온에 취약하다. 압연강재는 압연방향과 그 직각 방향의 성질이 이방성이기 때문에 두께 방향으로 연성 감소 등의 현상이 발생할 수 있다. 또한 강구조물은 세장비가 큰 경우, 탄성 또는 비탄성좌굴로 인한 파괴 가능성과 고장력볼트나 용접으로 연결되는 접합 상세에 있어 연결부의 결함으로 인한 응력집중이나 용접부에서의 피로파괴 거동은 구조 신뢰도를 떨어뜨리는 원인이 될 뿐 아니라 대형 사고의 원인이 될 수 있으므로 이에 대해 면밀한 검토가 필요하다. 강구조물은 과도한 처짐 및 진동 같은 사용성에 대한 고려가 부족할 경우 구조적 기능을 상실하기 쉬우므로 설계단계에서의 정적 · 동적응력 및 안정거동, 변형

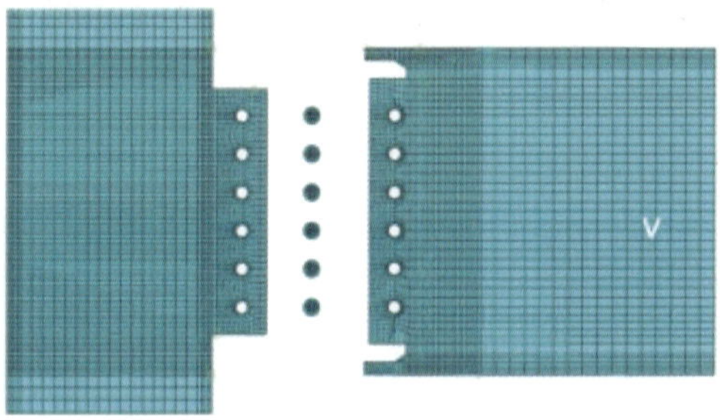

(a) 유한요소 모델링

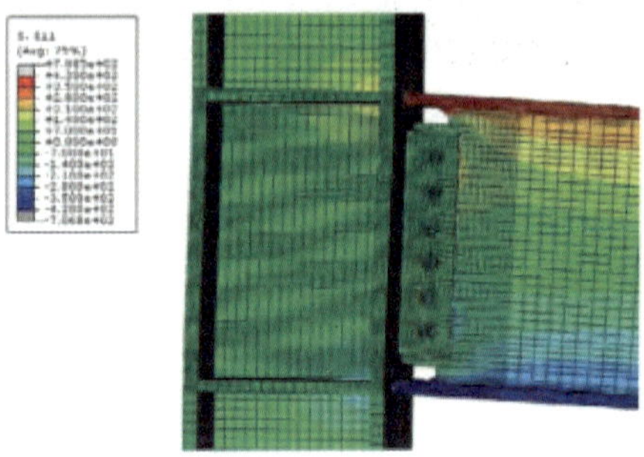

(b) 해석결과

그림 1.4 유한요소 모델링에 의한 보-기둥 볼트 접합부의 내진성능 예측

거동, 연결부 및 개구부의 응력집중 및 피로 파괴거동 등에 대한 엄밀한 해석과 합리적인 단면선정 및 상세 설계가 무엇보다도 중요하다. 그림 1.4는 유한요소해석(Finite Element)을 활용한 기둥-보 고장력볼트 접합부의 해석 결과를 보여주고 있다. 그림 1.5는 서울대학교 관정도서관의 처짐 등 사용성에 대한 상세구조해석 모델링과 해석결과를 나타내고 있다.

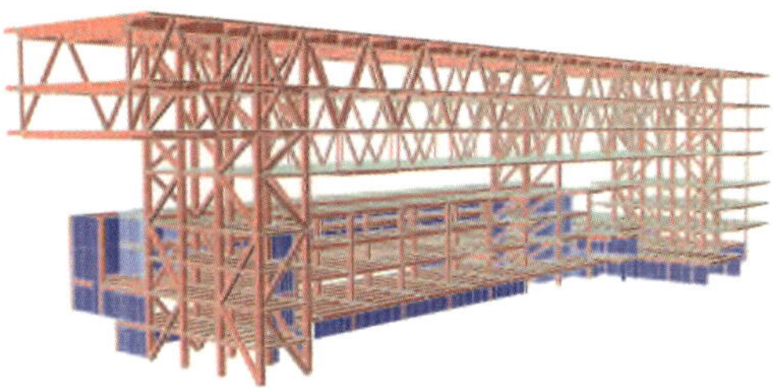

(a) 구조해석 모델링

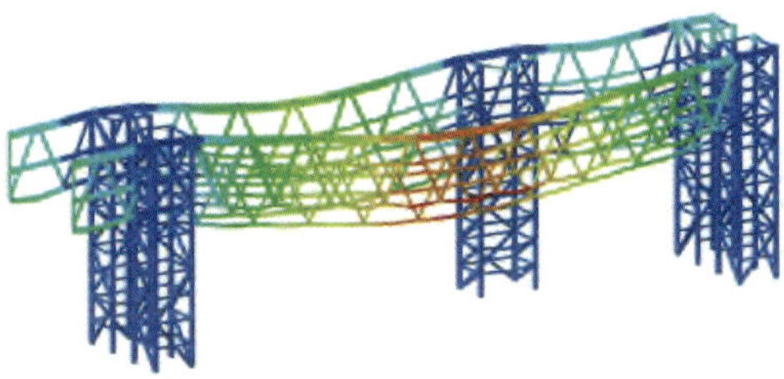

(b) 처짐 검토

그림 1.5 서울대학교 관정도서관의 상세 구조해석 모델링 (Modeling)

이처럼 강구조물은 현대사회에서 매우 기술집약적이며 설계, 해석, 제작, 시공 등 각 단계에서 첨단 구조공학 및 매우 높은 엔지니어링 기술이 요구되는 구조물임을 알 수 있다. 일반적인 강구조의 장단점은 다음과 같다. 하지만 이러한 장단점은 건물의 용도, 규모, 형태 그리고 특수한 여건 등에 따라 달라질 수 있음을 유의하여야 한다.

강구조의 장점

- 단위 중량당 강도 및 강성이 크다.
- 인성이 커서 소성 변형능력이 우수하다.
- 재료가 균질(Homogeneous)하다.
- 세장(Slender)한 부재가 가능하다.
- 공사 기간 단축이 가능하다.
- 고층, 장스팬 구조 설계에 유리하다.
- 기존건축물의 증축, 보수가 용이하다.
- 환경친화적인 재료이다.
- 가설부재 저감 및 현장정리가 용이하다.

강구조 설계시 고려사항

- 내화성을 고려해야 한다.
- 부식 방지를 위한 표면처리 및 도장 등 관리가 필요하다.
- 접합부의 상세한 설계와 용접부의 검사가 필요하다.
- 좌굴의 영향을 고려해야 한다.
- 반복하중에 따른 피로파괴의 우려가 있다.

(a) 철근콘크리트조

(b) 철골조

그림 1.6 철근콘크리트 구조와 강구조의 현장

예제 1.1

강구조물의 특징에 대한 설명 중 적절하지 않은 것을 고르시오.

① 인성이 우수하나 소성변형 능력이 작다.
② 열에 의한 강도 저하가 크다.
③ 시공시 가설부재 저감 및 현장정리가 용이하다.
④ 좌굴에 대한 검토가 필요하다.

풀이

① 인성이 우수하며 소성변형 능력이 크다.

예제 1.2

강구조에 대한 설명 중 적절하지 않은 것을 고르시오.

① 장스팬의 구조물이나 고층구조물에 적합하다.
② 재료가 불에 타지 않기 때문에 내화성이 크다.
③ 강재는 다른 구조재료에 비하여 균질도가 높다.
④ 단면에 비하여 부재길이가 비교적 길고 두께가 얇아 좌굴하기 쉽다.

풀이

② 강구조의 특징 중 고열에 저항하는 성질인 내화성이 낮다.

강재의 친환경성

강재는 콘크리트와 달리 건식 및 조립 공법이기 때문에 물 사용량이 적고, 시공 중 소음과 먼지의 발생량이 적으며, 골재 사용량이 적어서 자연훼손이 적은 장점이 있는 것으로 단순하게 인식됐다. 하지만 2015년 파리 기후변화협정 이후, 구조재료의 환경영향분석에 관한 연구가 활발하게 진행되고 있다. 구조재료의 환경영향 발생 정도 평가는 일반적으로 생산, 시공, 유지관리, 철거라는 건축물의 생애주기 동안 소비되는 에너지 소비량, 이산화탄소 배출량 등으로 평가하게 된다. 현재까지의 연구 결과에 따르면 강재는 친환경성이 우수하며 경제적인 것으로 평가되고 있다. 현재 국내·외의 철강사들은 이러한 친환경성을 기반으로 한 브랜드를 공개하고 영역을 지속해서 확장하여 탄소감축, 친환경 소재 개발 및 공급을 통한 노력을 계속하고 있다.

그림 1.7 국내의 제철공장

1.2 국내·외 강구조의 역사

철은 초기에는 400~800℃의 저온에서 생산되는 단철로 연장이나 장식용으로 사용되다가, 목탄을 이용하여 1,200℃ 정도의 고온에서 생산된 선철이 나오면서 구조물에 이용되기 시작했다. 에이브라함 다아비(Abraham Darby) 1세는 석탄을 코크스로 대체한 코크스 고로법을 개발하여 철의 대량생산을 가능하게 했다. 철이 구조물에 최초로 사용된 것은 1779년에 건설된 영국의 콜브룩데일세번(Coalbrookdale Severn)강 아이언브리지(Iron Bridge)이다(그림 1.8). 기존의 석재 아치 형태를 유지하여 설계 되었지만 세장한 부재를 사용하여 경량화된 강재 아치의 특성을 하였다. 이 다리는 주철을 사용하여 지금도 사용되고 있으며, 1986년 세계유산으로 지정되었다. 1885년 윌리엄 르 배론 제니(William Le Baron Jenney)의 설계에 의해 압연형강을 사용한 미국 최초의 고층건물인 10층 홈 인슈어런스빌딩(Home Insurance Building)이 시카고에 건설되었다(그림 1.9).

그림 1.8 아이언 브리지(Iron Bridge)

그림 1.9 홈 인슈어런스빌딩

세계 최초의 강교량으로 기록되는 영국의 Forth교(The Forth Bridge)는 1890년에 완공되었다(그림 1.10). 이 교량은 벤저민 베이커(Benjamin Baker)와 존 파울러(John Fowler) 두 설계자에 의해 양쪽에 두 개의 장경간(518m)을 갖는 캔틸레버 트러스 구조시스템으로 시공되었다. 이 교량은 장경간뿐만 아니라 최대높이가 107m로서 당시 엄청난 크기의 구조물이었으며 트러스로 사용된 부재는 최대직경이 3.66m의 강관 단면이었다.

그림 1.10 Forth교
(출처 : Unesco World Heritage Convention)

국내 강구조 역사는 불분명하지만, 1910년 덕수궁 석조전 지붕 및 바닥 등을 시작으로 부분적으로 강구조로 건설되었으며, 1950년대부터 전후 복구사업을 기반으로 리벳 공법의 조립기둥과 트러스보를 이용한 공장, 강당 등이 건설되기 시작했다. 강구조 고층 건물의 시작은 1969년 H형강을 사용한 한진빌딩(그림 1.11)을 시작으로 1970년대부터 해외건설의 호황 및 POSCO(포항제철) 등의 철강재의 국내생산 등으로 고층화 현상이 본격화되면서 삼일빌딩, 대우빌딩, 동방생명빌딩, 롯데호텔 등이 건설되었다.

그림 1.11 한진빌딩
(출처 : Google(위키백과))

국내 기술로 가설된 최초 교량으로는 강판형의 양화대교(1965년)가 있다. 그림 1.12는 양화대교를 보여주고 있다. 이후 강남지역의 개발을 촉진한 한남대교(강판형 및 강박스교 형식, 1969년), 여의도 개발을 위한 마포대교(강상형교 형식, 1970년), 광진교의 교통량 분산을 위한 천호대교(1976년), 그리고 강판형의 영동대교(1973년), 잠실철교(1979년), 잠실대교(1972년)와 겔버 트러스형식의 교량인 성수대교(1979년)가 있다. 이후 사장교 중 국내 최고의 장경간(800m)인 인천대교가 2009년에 완공되었다. 그림 1.13은 인천대교를 보여주고 있다.

그림 1.12 양화대교
(출처 : Google : 양화대교(지역N문화))

그림 1.13 인천대교
(출처 : Google : 인천대교(일간경기))

예제 1.3

다음 구조물 중 철이 가장 먼저 사용된 구조물을 고르시오.

① 홈 인슈어런스빌딩(Home Insurance Building)
② 아이언브리지(Iron Bridge)
③ Forth교(The Forth Bridge)
④ 양화대교

풀이

② 아이언 브리지(Iron Bridge)

1.3 국내·외의 주요 강구조 건축물

1908년 베들레헴사의 H형강 생산과 구조시스템 개발로 고층 건축물의 급격한 증가를 촉진하게 되면서 뉴욕의 크라이슬러빌딩(1930년), 엠파이어 스테이트빌딩(1931년)과 같은 건축물이 세워졌다. 이후 구조용 강재 양산과 강구조 이론의 정립으로 존핸코크센터(1969년), 세계무역센터(1972년), 그리고 당시 세계 최고의 강구조 건축

(a) 엠파이어스테이트 빌딩　(b) 존핸코크센터

(c) 세계무역센터(9.11테러 이전)　(d) 윌리스 타워

그림 1.14 세계의 고층 강구조 건축물-1

물인 110층 443m 규모의 윌리스타워가 건설되면서 초고층 건축물의 시대가 열렸다. 그림 1.14는 앞서 소개한 강구조 건축물을 보여주고 있다.

이후 1993년 일본의 랜드마크타워(70층), 1997년 독일의 코메르츠은행(60층)이 세워졌고, 1998년 중국 진마오빌딩(88층)이 건설되었으며, 1998년 말레이시아에는 페트로나스 트윈타워(88층, 452m)가 건설되었다. 그림 1.15에 언급된 건축물을 나열하였다.

(a) 랜드마크타워

(b) 코메르츠 은행

(c) 진마오빌딩

(d) 페트로나스 트윈타워

그림 1.15 세계의 고층 강구조 건축물-2

(a) 타이페이101 금융센터

(b) 상하이타워

(c) 월드트레이드센터

(d) 부르즈 할리파(첨탑부)

(e) 북경 올림픽 주경기장

(f) BMW 월드

(g) Royal Ontario 박물관

그림 1.16 세계의 강구조 건축물-3

2003년 대만의 타이페이101 금융센터(101층, 508m), 그리고 2015년 중국 상하이에 상하이타워(118층, 632m)가 건설되었으며, 2001년에 9.11테러에 의해 붕괴된 뉴욕의 월드트레이드센터는 2014년 새롭게 재건축되었다. 일명 새둥지로 불리는 북경 올림픽 주경기장(2008년 개장)은 강재를 이용하여 구조미를 잘 표현한 구조물로 평가되고 있다. 또한 타 구조로 해결하기 곤란한 비정형 구조를 강구조로 해결한 대표적인 사례로는 독일 뮌헨의 BMW 월드, 캐나다 토론토의 Royal Ontario 박물관이 있다. 또한 2010년 완공된 현존 건축물 중 세계 최고 높이를 자랑하는 아랍에미리트의 부르즈 할리파(209층, 828m)의 첨탑부에 강재가 이용되어 강재의 장점을 극대화하였다. 랜드마크적인 강구조 건축물 및 초고층화는 더욱 촉진될 것으로 전망된다. 그림 1.16은 앞서 소개한 강구조 건축물을 보여주고 있다. 표 1.1은 국외 주요 강구조건축물을 도표로 나열하였다.

표 1.1 외국의 주요 강구조건축

건물명	완공연도	위치	층수	높이(m)	비고
에펠탑	1889	파리	-	300	연철사용
홈인슈어런스빌딩	1885	시카고	10	55	미국 최초의 고층건물
엠파이어스테이트빌딩	1931	뉴욕	102	381	가새-강접골조
존핸코크센터	1969	시카고	100	344	트러스튜블러구조
세계무역센터	1972	뉴욕	110	417	골조튜블러
윌리스타워	1974	시카고	110	443	강구조
랜드마크타워	1993	요코하마	70	296	일본 최고 강구조건축
코메르츠 은행	1997	프랑크푸르트	60	259	유럽 최고(합성구조)
진마오빌딩	1998	상하이	88	421	합성구조
페트로나스 타워	1998	쿠알라룸푸르	88	452	합성구조
타이베이 101	2003	타이베이	101	508	CFT구조
니나타워	2007	홍콩	80	318	강구조
상하이 국제금융센터	2008	상하이	101	508	강구조
부르즈 할리파	2010	두바이	209	828	세계최고높이(첨탑부 강구조)
월드트레이드센터	2014	뉴욕	104	417	강구조(코어 RC조)
상하이 타워	2015	상하이	118	632	중국최고높이(강구조)

1980년대부터 국내 건축물들도 고층화되면서 1984년 60층(249m)의 대한생명빌딩(현 63빌딩), 1987년 한국종합무역센터(코엑스), 1994년 TMCP강이 사용된 포스코센터, 2001년 동부금융센터 등이 건설되었으며, 이후 2003년에 강구조 주상복합 건설이 확대되면서 타워팰리스 Ⅲ(69층, 256m), 하이페리온 등이 완공되었다. 2016년에 완공된 국내최고높이의 롯데월드타워(123층, 554.5m)에는 주 횡력저항구조시스템으로 철골 아웃리거(Outrigger)와 철골 벨트트러스(Belt Truss)가 사용되어 강재의 우수성이 돋보이고 있다. 그림 1.17은 앞서 소개한 강구조건축물을 보여주고 있다.

(a) 대한생명빌딩(63빌딩) (b) 한국종합무역센터 (c) 롯데월드타워

그림 1.17 국내의 주요 강구조 건축물-1

2000년대에 들어서며 비정형 건축물에 대한 관심과 수요가 증가하였고, 2007년에 서울중앙우체국청사가 건설되었다. 이어서, 2010년 인천 송도에 동북아트레이드센터(305m)가 건설되었다. 2011년에는 서울 중구에 건축가 자하 하디드가 설계한 동대문디자인플라자가 건설되었다.

(a) 포스코센터

(b) 동부금융센터

(c) 동북아트레이드센터

(d) 하이페리온

(f) 동대문디자인플라자(DDP)

그림 1.18 국내의 주요 강구조 건축물-2

장스팬의 강구조 건축물로서는 2008년 건설된 인천송도의 컨벤시아가 대표적이라 할 수 있다. 그리고 2011년 완공된 85m장스팬 캔틸레버구조의 부산영상센터는 강구조로 해결할 수 있는 특수건축물이라 할 수 있다. 또한, 2015년에는 최대 112.5m의 장스팬 메가 트러스가 적용된 서울대 관정도서관이 완공되었다. 이후 2017년에 완공된 인천국제공항 제2여객터미널(교통센터)에는 대경간의 지붕구조를 구현하는 평면·입체 조합 트러스가 강관부재로 사용 되었다. 그림 1.19는 앞서 소개한 강구조 건축물을 보여주고 있다. 표 1.2는 국내의 주요 강구조 건축물을 도표로 나타내고 있다.

(a) 송도 컨벤시아

(b) 부산영상센터

(c) 서울대 관정도서관

(d) 인천국제공항 교통센터

그림 1.19 국내의 주요 강구조 건축물-3

표 1.2 한국의 주요 강구조건축

건물명	완공년도	위치	층 수	높이(m)	비고
한진빌딩	1969	서울	23	82	최초 강구조고층건축
삼일빌딩	1971	서울	31	114	
대한생명빌딩	1984	서울	60	249	
무역센터	1987	서울	55	229	50mm 국산후판사용
엘지트윈타워	1990	서울	34	135	합성구조
포스코센터	1994	서울	33	136	최초 TMCP강 사용
동부금융센터	2001	서울	35	152	가새골조
하이페리온	2003	서울	69	256	주상복합건물
타워팰리스	2003	서울	69	264	주상복합건물
송도 컨벤시아	2008	인천	–	–	장스팬구조(108m × 90m)
동북아트레이드센터	2010	인천	68	305	
부산영상벤처센터	2011	부산	–	–	장스팬구조(85m 캔틸레버)
서울대 관정도서관	2015	서울	8	–	메가트러스구조(112m)
롯데월드타워	2016	서울	123	554.5	국내최고높이(세계 5위) 철골 횡력저항시스템 (아웃리거+벨트트러스)
인천국제공항 제2여객터미널	2017	인천	–	–	HSA650사용 메가트리구조
여의도 파크원	2020	서울	69	333	120mm 국산후판 사용

예제 1.4

국내 최고높이이자 아웃리거 및 벨트트러스 횡력저항시스템이 철골로 사용된 구조물을 고르시오.

① 타워팰리스
② 포스코센터
③ 롯데월드타워
④ 인천국제공항 제2여객터미널

풀이

③ 롯데월드타워

1.4 강구조 설계기준의 변천사

각국의 강구조에 대한 설계기준의 발전과정을 보면, 미국은 1921년에 조직된 AISC (American Institute of Steel Construction)가 1923년에 **허용응력도설계법에 따른 강구조설계기준**을 제정하였으며 하중저항계수설계법인 AISC-LRFD(**하중저항계수설계법**)을 1986년에 제정한 이후 수 차례 보완 개정하였다. 일본의 경우는 1941년에 **철골구조계산규준**이 제정되고 2000년에 한계상태설계지침이 마련되었다. 유럽의 경우는 1992년 **Eurocode 3(하중저항계수설계법, CEN)**을 발표하였다.

국내의 경우 1973년에 처음으로 허용응력설계법에 따른 **강구조 계산규준 및 해설**이 대한건축학회에서 제정되어 1983년에 1차 개정되고, 한국강구조학회에서 **허용응력설계법에 의한 강구조설계기준**이 2003년에 제정되었다. 1997년에는 **하중저항계수설계법에 의한 강구조 한계상태설계기준**이 제정되어 2004년에 수정, 보완되었으며 2005년 4월에는 그동안 분산되어 관리, 운영되었던 각종 구조설계기준을 통합한 **건축구조설계기준(Korean Building Code-Structural, KBCS)**을 제정하여 모든 건축구조설계의 지침이 되도록 하였다. 2005년에 제정된 건축구조설계기준은 2009년에 **건축구조기준**으로 명칭이 변경되고 재개정되었으며 2016년에 다시 개정되었다.

2016년 국토교통부에 의해 건설기준 코드체계 전환에 따라 코드화로 통합 정비되어 건축물 강구조 설계기준은 2019년도에 KDS 41 31 00으로 개정되어 사용되다가, 현재 2023년을 기준으로 KDS 41 30 10이 2022년 10월에 개정 고시되어 사용되고 있다.

또한 2009년에는 한국강구조학회에서 건축구조와 토목구조를 위한 공통기준으로 하중저항계수법에 의한 강구조설계기준을 제정하고 2014년에 개정되었다. 이 내용 또한 건축구조기준과 동일한 내용으로 되어 있다. 표 1.3은 한국과 미국의 강구조설계기준의 변천사를 도표로 나타내고 있다.

표 1.3 강구조 설계기준의 변천사

연도	한국		미국		
	ASD Allowable Stress Design 허용응력설계법	LSD Limit State Design 하중저항계수설계법	ASD Allowable Stress Design 허용응력설계법	LRFD Load & Resistance Factor Design 하중저항계수설계법	ASD Allowable Strength Design 허용강도설계법
1970			제7개정		
1973	제1판				
1978			제8개정		
1983	제2개정				
1986				제1판	
1989			제9개정		
1990					
1993				제2개정	
1997		제1판			
1998					
1999				제3개정	
2003	제3개정				
2005		제2개정			
2005				제13개정	
2009		제3개정			
2010				제14개정	
2016		제4개정		제15개정	
2019	KDS 14 30 00	KDS 41 31 00			
2022		KDS 41 30 10			

참고문헌

1.1 국토교통부 (2019), "건축물 강구조 설계기준 (KDS 41 31 00 : 2019)"

1.2 대한건축학회 (2016). "건축구조기준"

1.3 한국강구조학회 (2014). "하중저항계수설계법에 의한 강구조설계기준"

1.4 awkes, Nigel (1993). "Structures", Macmillan

1.5 Holberton, Paul (1998). "The World of Architecture", Crescent

1.6 National Geographic Society (1992). "The Builders"

1.7 Judith Dupre (1996). "Skyscrapers". Black Dog & Leventhal publishers

Steel Structures

제2장 강 재

2.1 개요

일반적으로 강구조 또는 철골구조로 불리고 있지만 실제로 사용되고 있는 재료는 순철(Pure Iron)이 아니고 강(Steel)이다. 그 차이는 탄소를 포함한 철 이외의 다른 원소가 어떤 비율로 포함되어 있는지에 따르며, 그 함유량에 의해서 성질이 많이 달라진다. 강구조물에 가장 많이 사용되고 있는 강재는 약 0.12~0.30%의 탄소를 함유하고 있는 연강(Mild Steel)이다. 이 적은 양의 탄소가 포함됨에 따라 결정구조가 변하고 구조용에 적합한 강도와 연성을 가지는 강(Steel)으로 변하게 된다.

강재 생산기술의 발달과 경제적이며 안전성 있는 구조설계에 대한 요구가 증가함에 따라 사용 목적에 맞추어 다양한 종류의 강재가 생산되고 있다. 경제적이고 안전한 구조설계를 위해서는 다양한 하중조건에 대하여 설계기준에 부합하면서 동시에 효율적으로 설계가 이뤄져야 한다. 이를 위해 강재의 기계적, 화학적 성질을 정확히 파악하여 구조설계에 반영해야 하며, 공사 시점에서의 강재 수급 가능여부와 강재 종류 및 두께 별 가격 특성을 고려해야 한다.

2.2 강재의 제조

철강제품의 제조 공정은 그림 2.1과 같이 제선공정(Iron-making process), 제강공정(Steel-making process), 압연공정(Rolling process)의 순서로 이루어진다. 철스크랩을 사용하여 강재를 생산하는 전기로 공법은 제강공정과 압연공정의 순서로 이루어진다.

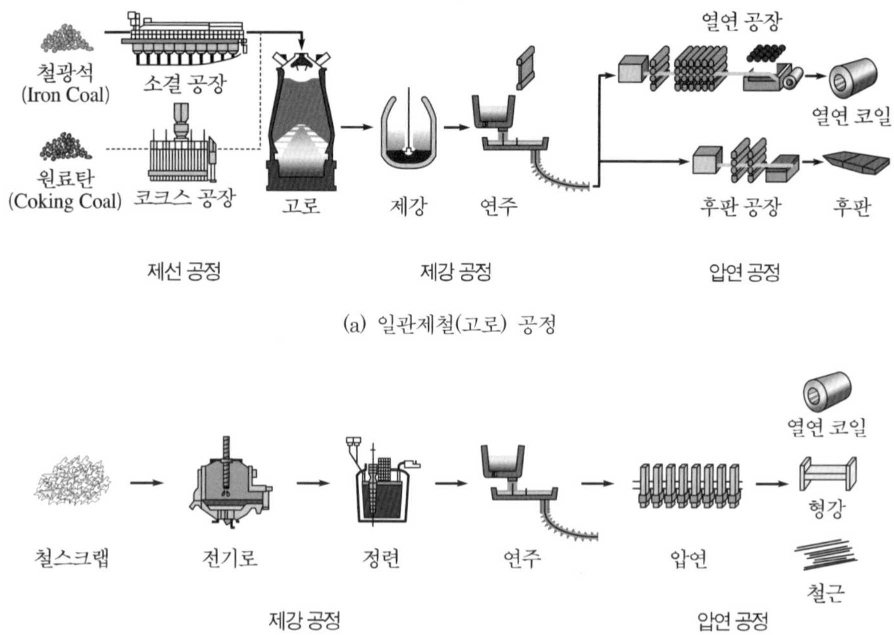

(a) 일관제철(고로) 공정

(b) 전기로 공정

그림 2.1 철강제품의 제조과정

2.2.1 제선공정

제선(Iron-making)은 철강생산의 첫 번째 단계로 고로에 철강석, 코크스, 석회석 등을 넣고 녹여 선철(Pig Iron)을 만드는 과정을 말한다. 선철은 탄소(C) 함량이 높아 단단하지만 강하여 부서지기 쉬우며 가공이 어렵다. 선철은 강을 만들기 위한 원료와 주물재로 사용된다. 용광로에서 나와 녹아있는 상태의 선철을 용선이라고 한다.

2.2.2 제강공정

제선공정을 거쳐 나온 선철은 탄소함유량이 많고 상당량의 인(P), 유황(S), 규소(Si)와 같은 불순물이 함유되어 있어 취성이 높다. 이러한 선철을 잘 늘어나게 하면서 강인한 강으로 만들려면 다시 정련하여 탄소(C)의 양을 줄이고 유해한 불순물을 제거해야 한다. 제강공정은 제선에 나온 용선을 전로에 담아 고압의 산소를 불어 넣고 용선 내의 불순물을 제거하고 합금원소를 조정하는 제강공정과 액테 상태의 철이 그림 2.2와 같이 반제품인 슬래브(Slab), 블룸(Bloom), 빌렛(Billet)로 되는 연주공정으로 구성되어 있다.

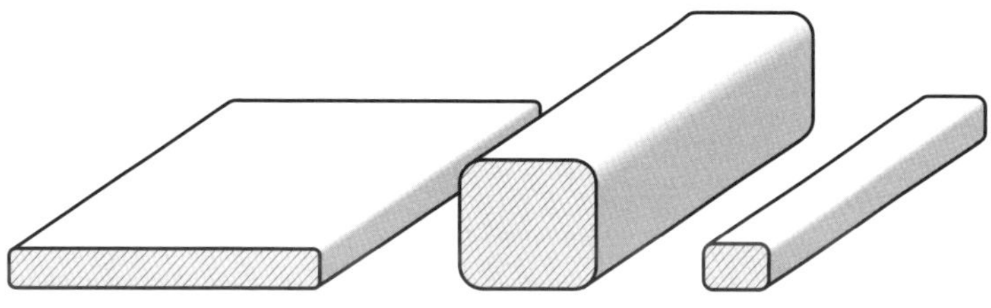

그림 2.2 연주공정으로 생산된 반제품

2.2.3 압연공정

제강/연주 공정에서 생산된 슬래브, 블룸, 빌렛을 회전하는 대형 롤(Roll) 사이를 통과시키며 가압하여 두께와 폭을 감소시키고 길게 늘려 판재/선재 등의 강재제품을 만드는 과정을 압연공정이라 한다. 압연공정을 통해 나오는 강재는 열연, 후판, 형강, 선재 등으로 구분된다.

1) 열간압연

열간압연 단계에서는 슬래브, 블룸과 같은 반제품을 고온으로 가열한 후 그림 2.3과 같이 반대로 회전하는 2개의 롤(Roll) 사이에 끼우고 롤의 간격을 점차 좁히면서 연속적인 힘을 가하여 늘리거나 얇게 성형한다. 마치 밀가루 반죽을 방망이로 미는 것과 같은 원리이며 이 방법으로 만들어진 제품을 열간압연강재 또는 열연강재라 한다.

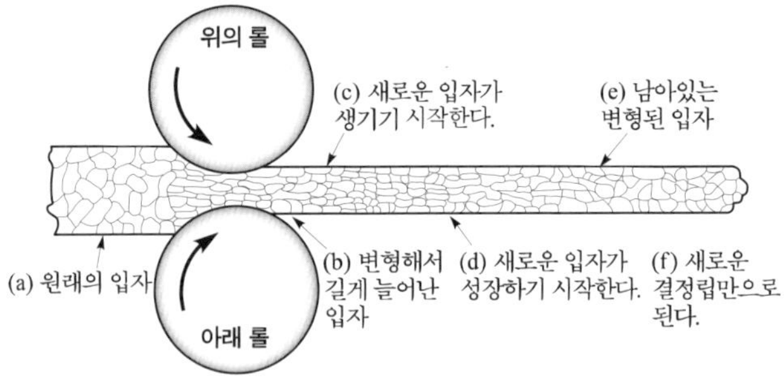

그림 2.3 압연의 원리

2) 냉간압연

냉간압연은 그림 2.3의 압연이 상온상태에서 이뤄지는 것을 말한다. 열간압연으로 생산된 얇은 강판을 화학처리해 표면의 녹을 제거하고, 상온에서 압연하여 만든 제품을 냉간압연강재 또는 냉연강재라고 한다. 냉연강재는 일반적으로 두께 3mm 이하 코일로 생산된다. 강을 냉간가공하면 강도와 경도가 증가되나, 연신율은 감소하게 되는 가공경화(Work Hardening) 또는 변형경화(Strain Hardening) 현상이 발생할 수 있어 가공도중에 풀림(소둔: Annealing)처리를 하여 연화시킨다. 냉연강판은 이후 용융아연도금 또는 전기아연도금 공정을 통해 내식성을 향상시킨다.

2.3 강재의 화학적 성질

2.3.1 화학적 조성에 따른 강의 분류

강재를 구성하는 화학적 구성 요소는 표 2.1과 같다. 강재는 대부분 철로 구성되며 철 이외의 성분은 극소량이다. 하지만 철 이외의 이러한 극소량의 성분이 강재의 재료적 성질을 좌우한다.

표 2.1 강재의 화학적 성분

종류	함유량	특성
철(Fe)	98% 이상	강재의 대부분을 차지하는 구성요소이다.
탄소(C)	0.04~2%	기계적 성질에 가장 많이 기여하는 원소로서, 탄소량이 증가하면 강도는 증가하나, 연성, 인성이나 용접성은 떨어진다. 따라서, 용접 구조용 철강에서는 상한선을 정하고 있다.
실리콘(Si)	0.4% 이하	강재에 주로 사용되는 탈산제 중 하나이다. 함유량이 적으면 연성, 인성을 손상시키지 않고 강도와 경도를 높여주지만 함유량이 많아지면 내식성과 내마모성을 크게 증가시킨다.
망간(Mn)	0.5~1.7%	탄소보다 강도가 높아지는 것에 비해 인성 저하가 적고, 용접성에 대한 악영향이 적다. 열처리 특성을 향상시켜 열처리가 필요한 강종에는 꼭 필요한 원소이며, 강도,경도, 내마모성을 증가시키고 취성을 방지한다.
인(P)	0.05% 이하	강재의 취성을 증가시키고 인성 및 용접성을 손상시킨다. 그러나 Cu, Cr과 함께 내후성(耐候性)에 효과가 있다.
황(S)	0.05% 이하	P(인)과 함께 취성을 증가시키고 인성, 용접성 가공성에 악영향을 끼치는 원소로서 최대한 줄이는 것이 바람직하다. 또한 개재물인 MnS를 형성하여 열간 압연 시 점성(粘性)으로 변화시켜 강재의 판 두께에 악영향을 준다. 그러나 절삭가공 시 칩 브레이커(chip breaker)로 작용하여 절삭성을 향상시킨다.
구리(Cu)	-	상온 제조시에는 석출경화(析出硬化)로 강도를 높이는데 필요한 원소이며 내후성(耐候性)에 효과가 있다. 크로뮴 또는 크로뮴-텅스텐과 함께 사용해야 그 효과가 크고 석출경화가 일어나기 쉽게 하고 내산화성을 증가시킨다.
크롬(Cr)	-	열처리 특성을 대폭 증가시킨다. 내후성(耐候性)과 내식성(耐食性) 고온특성(高温特性) 향상시키는 원소로써 내후성과 내식성이 필요로 하는 강종에는 꼭 필요한 원소이다. 함유량이 적어도 강도와 경도를 증가시키며, 함유량이 많아지면 내식성, 내열성 및 자경성을 크게 증가시키는 외에 탄화물의 생성을 용이하게 하여 내마모성도 증가시킨다.
니켈(Ni)	-	강재의 부식방지를 위해 사용되며 저온에서 취성파괴에 대한 인성(fracture toughness)을 증가시키는 역할을 한다.
몰리브덴(Mo)	-	고온 강도를 높이고 열처리(뜨임) 시 소성(塑性)이나 연성(延性)을 상실하는 것을 막아주는 역할을 한다. 함유량이 적으면 니켈과 거의 비슷한 작용밖에 하지 못하지만 함유량이 많아지면 내마모성을 크게 증가시키고 적열 취성을 방지한다.

탄소강 (Carbon Steel)

탄소강이란 보통 0.04~1.70% 정도의 탄소를 포함하는 철과 탄소의 합금이다. 탄소강의 성질은 탄소량에 따라 변화하며 탄소량이 증가할 경우 비중, 선팽창계수는 감소하고 비열, 전기저항성 등은 증가한다. 또 인장강도, 항복점 및 경도는 탄소량과 함께 증가하고 연신율과 충격흡수에너지는 감소한다. 탄소량이 0.5% 미만일 때에는 열처리가 역학적 성질에 미치는 영향이 적으나 탄소량이 0.5% 이상인 고탄소강에서는 열처리의 영향이 뚜렷하며, 때로는 그 용도로 인하여 공구강이라고도 한다.

구조용 합금강 (High-Strength Low Alloy Steels)

합금강은 탄소강의 단점을 보완하기 위해서 합금원소를 첨가시킨 강재로서 구조용과 공구용으로 구별된다. 구조용 합금강은 망간(Mn)과 탄소(C) 외에 합금원소(Cr, Mo, V 등)를 사용하여 탄소강에 비하여 고강도를 얻으면서 인성의 감소를 억제시키는 데에 그 특징이 있다.

2.3.2 강재의 용접성

강재의 화학적 조성에 따라서 용접성이 결정된다. 특히 강재의 용접성은 탄소량에 의해서 큰 영향을 받는데, 강재의 용접성을 나타내는 지표로서는 탄소를 포함한 용접성에 영향을 미치는 원소의 함유량으로 계산되는 탄소당량(C_{eq}) 및 용접균열 감수성조성(P_{cm})이라 불리는 값으로 평가한다. 한국산업표준(KS)에서 SN355 강재의 경우 용접성을 확보하기 위해 탄소당량이 0.44% 이하, P_{cm} 이 0.26% 이하로 규정하고 있다.

모재가 용접중에 열을 받았을 경우 열영향부(HAZ, Heat Affected Zone)는 경화되기가 쉬운에 그 경화정도에 가장 큰 영향을 미치는 원소가 탄소(C)이다. 그런데 그 경화의 정도는 탄소만 영향을 미치는 것이 아니라 다른 원소들도 영향을 미치는데, 이때 탄소의 영향을 1로 보고 탄소 대비 다른 원소들의 영향을 비율로 산출하도록 만든 식이 탄소당량(C_{eq})이다.

탄소당량은 높아질수록 동일조건(입열량)으로 용접하였을 경우 HAZ 부분이 경화되기가 쉽고 그로인해 충격인성이 저하될 수 있으며 저온균열이 발생할 수 있기 때문에 상한치를 규정하고 있다.

용접균열 감수성조성(P_{cm})은 용접부의 균열 발생에 미치는 원소의 영향을 탄소당량과 비슷한 방식으로 산출한 것으로 용접부의 균열발생 가능성을 평가할 수 있다.

보통 KS제품의 강재는 강재검사증명서(mill sheet)가 첨부되어 있으며, 이 강재검사증명서에서 강재의 화학분석값으로부터 강재의 용접성을 추정할 수 있다.

- **탄소당량**(C_{eq} : Carbon Equivalent,%)

$$C_{eq} = C + \frac{Mn}{6} + \frac{Cr + Mo + V}{5} + \frac{Ni + Cu}{15} (\%) \tag{2.1}$$

- **용접균열 감수성조성**(P_{cm} %)

$$P_{cm}(\%) = C + \frac{Si}{30} + \frac{Mn}{20} + \frac{Cu}{20} + \frac{Ni}{60} + \frac{Cr}{20} + \frac{Mo}{15} + \frac{V}{10} + 5B \tag{2.2}$$

여기서 C, Mn 등의 원소 기호가 나타내는 것은 강재에서 각 원소의 성분비이다.

2.4 강재의 기계적 성질

2.4.1 강재의 기계적 성질 시험

구조용 강재의 주요 기계적 성질은 항복강도, 인장강도, 연신율, 충격흡수에너지 등이며, 시험방법은 한국산업표준 금속재료 인장시험방법(KS B 0802)과 금속재료의 충격시험방법(KS B 0810)에 따른다. 시험의 주된 목적은 각각의 재료에 대하여 강도, 강성 등의 특성을 밝혀 구조물의 설계, 제작을 위한 기초 자료를 제공하는 것이다. 따라서 재료의 용도에 따른 적절한 시험을 실시하고 그 측정 정밀도를 높여서 정확한 데이터를 얻을 필요가 있다.

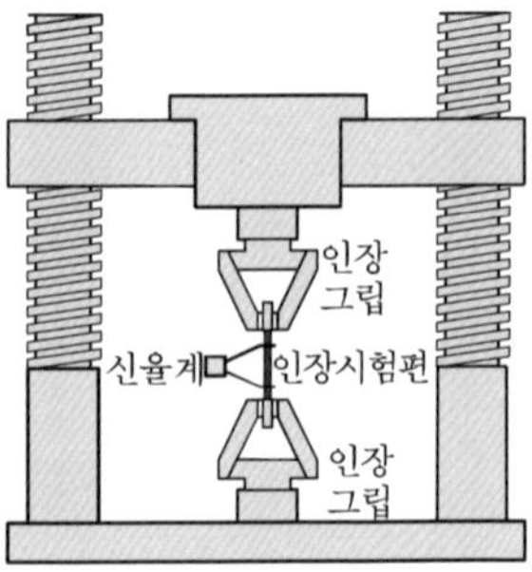

그림 2.4 만능재료시험기(UTM)

▌인장시험 (KS B 0802)

인장시험은 만능재료시험기(UTM, 그림 2.4)를 사용하여 그림 2.8과 같이 가공한 시험편들을 서서히 인장하여 항복강도, 인장강도, 연신율 등을 측정하는 것으로 구조용 강재의 역학적 성질을 파악하는데 가장 적합한 시험이다. 정하중 하에서 실시하며, 공업재료의 역학적 성질을 조사하는 재료시험 중 가장 기본적이고 중요한 시험으로서 2.4.2절의 응력-변형률 관계를 얻을 수 있다.

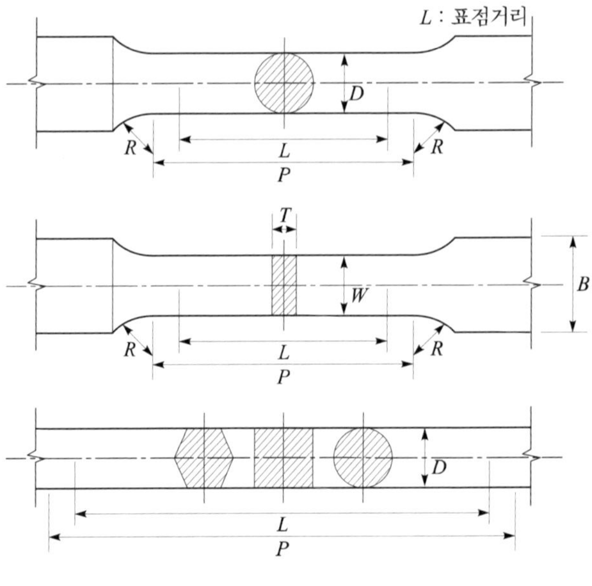

그림 2.5 강재의 인장 시험편

▎충격시험 (KS B 0810)

충격흡수에너지 또는 인성은 강재가 파괴에 저항하는 능력으로서 시험온도에서 파괴에 이르기까지의 에너지흡수 능력을 의미한다. 충격력에 대한 저항은 저온이거나 충격으로 인하여 재료가 취성화되어 취약해지는 성질을 파악하는데 특히 중요하다. 강판에 충격을 가하여 파단되는데 필요한 에너지를 측정하는 시험으로 샤르피충격시험(Charpy V-Notch)이 가장 많이 적용되는데 동일 온도에서 3개의 시편을 시험하여 그 평균값을 기준으로 판정한다. 단위는 Joule(J)을 사용한다.

1) 샤르피충격시험(Charpy V-Notch)방법

샤르피충격시험기를 이용하여 그림 2.6과 같이 V-notch를 갖는 시험편을 40mm 떨어져 있는 두 개의 지지대로 지지하고 시험편의 V-Notch 부를 지지대 사이의 중앙에 놓고 뒷면을 해머로 1회 충격을 주며 시험편을 파단하여 흡수에너지, 충격치, 천이온도를 측정하는 시험을 말한다.

2) 샤르피흡수에너지

샤르피충격시험기를 사용하여 시험편을 파단하는데 소요되는 에너지(Joule)를 말하며 샤르피흡수에너지가 크다는 것은 외부의 충격에 저항할 수 있는 강재의 성질이 우수하다는 것을 의미한다.

3) 샤르피충격치

샤르피흡수에너지(Joule)를 시험편의 V-Notch부 단면적(mm^2)으로 나눈 값(J/mm^2)이다.

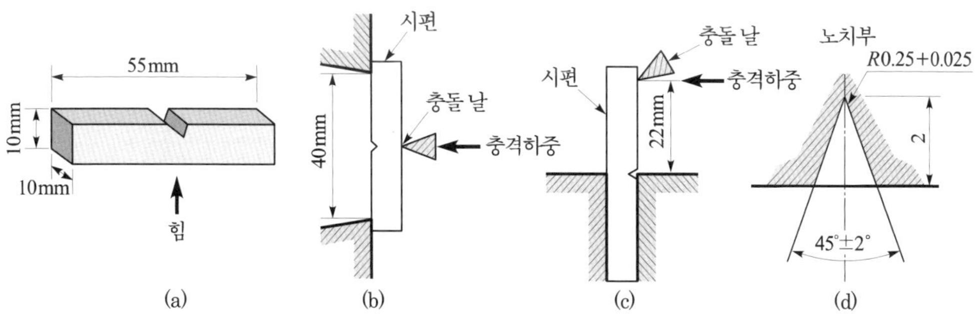

그림 2.6 샤르피충격시험

경도시험

재료의 단단함 정도인 경도를 조사하는 시험이며 작은 시험편으로 시험할 수 있으므로 간편한 재료시험에 널리 실시된다. 그 종류로는 일정한 압입물체를 규정된 하중으로 시험편 표면에 눌러서 생기는 오목부의 크기로 경도를 표시하는 압입경도시험과, 일정한 치수의 해머를 일정한 높이에서 시험편 표면에 떨어뜨려 충돌 후의 반발 높이로 경도를 나타내는 반발경도시험이 있다.

2.4.2 응력-변형률 관계

강재의 강도와 연신율을 알아보기 위한 가장 유용한 방법은 응력-변형률 곡선을 이용하는 것이다. 응력-변형률 곡선은 KS B 0801에서 정하는 시험편의 크기, 재하방법 및 재하속도 등이 표준화된 인장시험을 통해 얻어진다.

그림 2.7은 강재의 인장시험을 통한 응력과 변형률의 관계를 나타낸 것이다. 곡선의 변화에 따라서 탄성 영역(Elastic Range), 소성 영역(Plastic Range), 변형률경화 영역(Strain Hardening Range), 파괴 영역(Necking and Failure Range)으로 나누며, 각 구간의 특징은 다음과 같다.

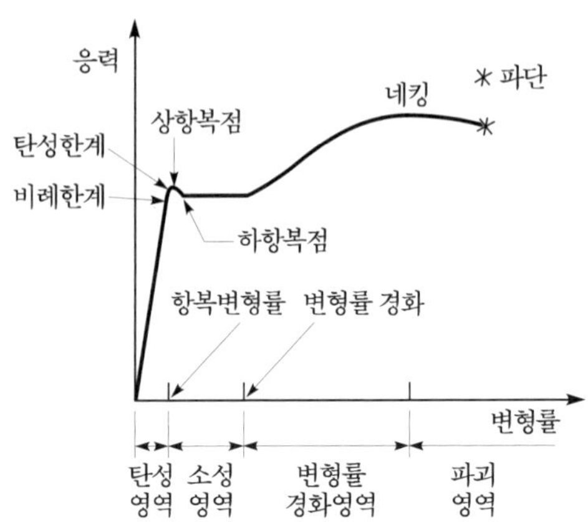

그림 2.7 강재의 응력-변형률 곡선

- **탄성 영역** : 응력(Stress)과 변형률(Strain)이 선형비례하는 영역
- **소성 영역** : 응력의 증가 없이 변형률만 증가하는 영역
- **변형률경화 영역** : 소성영역 이후 변형률이 증가하면서 응력이 비선형적으로 증가되는 영역
- **파괴 영역** : 변형률은 증가하지만 응력은 오히려 줄어드는 영역으로 파단 직전 네킹(Necking)현상에 의하여 단면적이 현저하게 감소한다.

그림 2.8은 탄소강, 구조용 합금강과 열처리강의 응력-변형률을 비교한 예시이다. 비교적 강도가 낮은 강재의 경우는 대체적으로 항복점이 명확한데 비해 고강도 강의 구조용 합금강이나 열처리강의 경우는 항복점이 명확하지 않다. 응력-변형률 곡선으로부터 관찰되는 중요한 강재의 기계적 성질은 다음과 같다.

- **비례한도**(Proportional Limit) : 응력과 변형률이 비례하여 선형관계를 유지하는 한계 응력을 나타낸다. 응력과 변형률 사이에 후크의 법칙이 성립되는 구간이며, 이때의 변형률에 대한 응력의 비를 강재의 탄성계수 E 라 한다. 판형 강재의 탄성계수는 210,000 MPa을 기준값으로 한다.
- **탄성한도**(Elastic Limit) : 하중을 비례한도 보다 조금 높은 응력까지 높인 후 하중을 제거하였을 때 원점으로 되돌아가는 지점을 탄성한도라 한다.

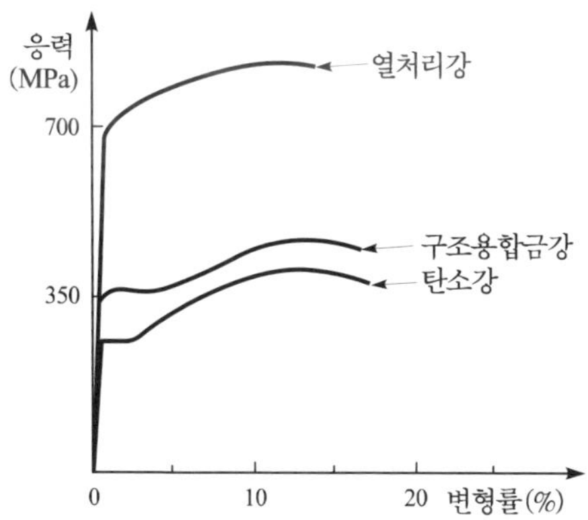

그림 2.8 탄소강, 합금강과 열처리강의 응력-변형률 곡선 비교

- **항복점** : 금속재료의 항복점은 응력의 증가없이 변형률이 크게 증가하기 시작하는 지점의 응력을 말한다.
- **항복강도**(F_y) : 강재의 항복강도는 항복점을 의미한다. 구조용 강재에 따라 응력-변형률 곡선에서 항복점이 뚜렷하지 않을 경우, 그림 2.9에 보인 바와 같이 제하(Unloading) 시에 0.2%의 영구변형률을 가지는 점의 응력을 항복강도(F_y)로 정의하거나, 0.5%의 총변형률에 해당하는 응력을 항복강도로 정의하기도 한다.
- **인장강도**(F_u) : 인장강도는 인장시험에서 시험편이 받을 수 있는 최대응력, 즉 변형률경화 영역의 최대응력을 가리킨다.
- **항복비**(Yield Ratio) : 항복비는 인장강도에 대한 항복강도의 비로 정의된다.
- **전단탄성계수**(G) : 비례한도 내에서의 전단변형률에 대한 전단응력의 비를 전단탄성계수라 한다. 탄성계수와 전단탄성계수 사이에는 다음과 같은 선형적인 비례관계를 가진다. 여기서 ν는 포아송비이며 강재의 $\nu=0.3$이다.

$$G=\frac{E}{2(1+\nu)}=81{,}000\text{MPa} \tag{2.3}$$

- **연성**(Ductility) : 재료가 하중을 받아 항복 후 파괴에 이르기까지 소성변형을 할 수 있는 능력을 연성이라 한다.
- **연신율** : 인장시험편의 파단 후의 표점간 거리와 시험전의 표점간 거리의 차이를 시험 전의 표점간 거리에 대한 백분율로 나타낸 것이다.
- **인성**(Toughness) : 인성은 재료의 변형에너지를 흡수할 수 있는 능력을 의미한다. 응력-변형률 곡선에서 면적으로 정의되며 인성은 재료의 강도와 연성에 의하여 결정된다.
- **충격강도** : 강재에 충격력이 가해지면 정적인 시험에 비해 변형속도가 매우 빠르므로 강재가 충분히 변형할 여유가 없이 파괴한다. 연성파괴하는 재료도 결함이 있으면 충격력을 받아 취성파괴 할 수도 있다. 이 때의 강도를 충격강도라 하며, 그림 2.6과 같이 보통 샤르피(Charpy)충격시험기를 이용하여 KS B 0810에 따라 시험한다.

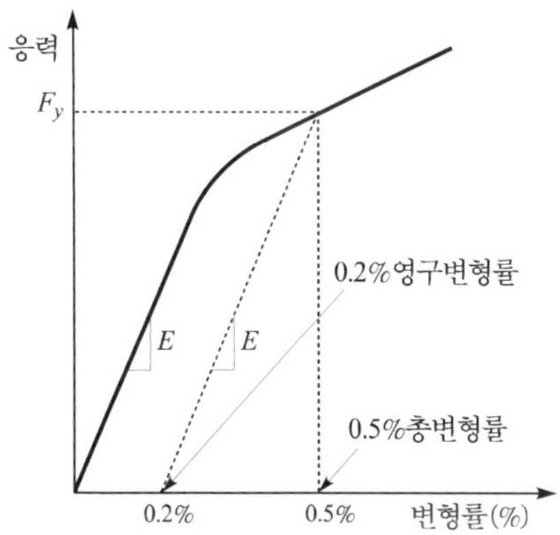

그림 2.9 영구변형률 및 총변형률 기반 항복강도 정의

2.4.3 반복 및 충격하중에 대한 강재의 특성

그림 2.10은 인장과 압축력을 교대로 받은 경우의 응력과 변형률의 관계를 나타낸다. 먼저 0점에서 인장하중을 가하면 항복해서 a점에 도달한다. 여기서 일단 하중을 서서히 제거하면 응력-변형도 곡선은 최초의 탄성구배와 평행한 직선 ab가 된다. 점 b에서 하중을 높히면 bcd가 되며, 점 d에서 하중을 낮추어 반대로 압축을 가하면 def로 변화한다. 여기서, 곡선의 구배가 급히 저하하는 점 e의 응력도는 보통의 압축응력도보다 상당히 낮은 응력에서 강성이 저하하고 소성적인 거동이 현저해지는 것을 알 수가 있다. 이것을 바우싱거(Bauschinger)효과라 한다.

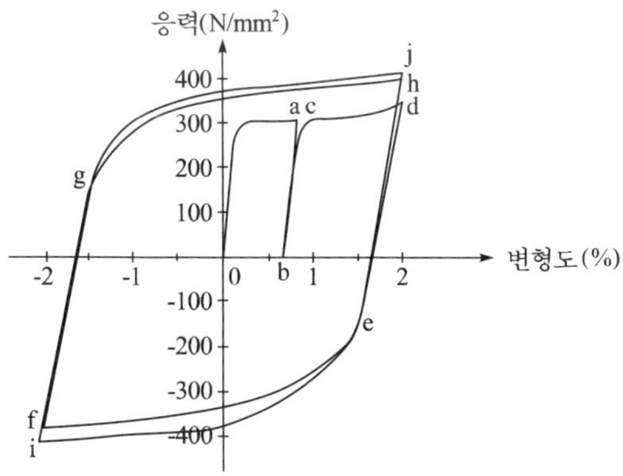

그림 2.10 반복하중 하에서의 응력-변형률의 관계

2.4.4 피로 (Fatigue Failure)

피로현상은 구조체가 항복강도 이하의 강도를 유발하는 반복하중을 반복적으로 받을 때, 균열이 진전하는 현상을 가리킨다.

금속 조직의 불연속으로 인한 응력집중으로 인해 미세한 균열이 지속적인 반복 하중에 노출되면 균열이 진전한다. 피로는 주변 환경과 하중 재하방법, 부재의 형태에 의하여 영향을 받는다. 일반적인 피로시험의 결과는 그림 2.11 S-N 곡선과 같다. 구조물이 받는 응력범위 S 와 그에 따른 파단 반복횟수 N 은 대략적으로 반비례 관계를 갖지만 하중반복횟수와 관계없이 구조물이 견딜 수 있는 응력범위가 일정한 값을 유지하게 되는 값을 내구한도(피로한도)라 한다.

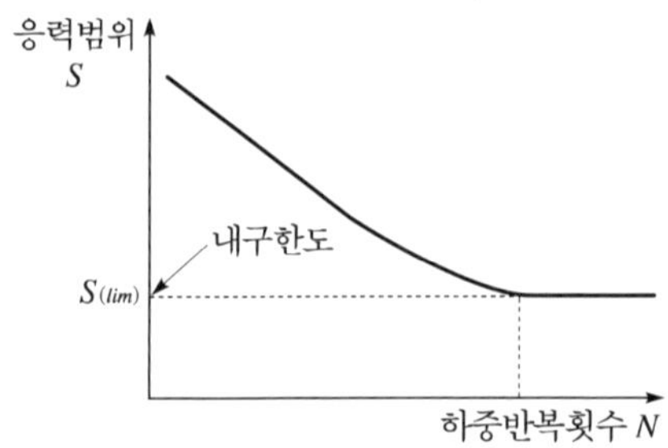

그림 2.11 S-N 곡선

2.4.5 라멜라 테어링 (Lamellar Tearing)

열간압연에 의해 생산되는 강재는 그림 2.9와 같이 압연이 진행되는 방향의 단면과 교차되는 단면이 서로 다른 기계적 성질을 가진다. 예를 들면, 탄성범위 안에서는 서로 비슷한 거동을 보이지만 압연 진행 방향과 교차되는 단면의 연성능력은 압연 진행방향의 단면에 비해 떨어진다. 특히 그림 2.9의 압연 진행방향과 교차되는 단면 중에서 Z방향(두께방향)과 같이 두께가 얇은 판에 수직인 하중이 작용하면 변형의 집중현상과 연성능력의 부족으로 인하여 취성파괴가 일어날 수 있는데, 이것을 라멜라 테어링(Lamellar Tearing)이라 한다.

라멜라 테어링의 주요 원인 중의 하나는 용접 후에 부재에 일어나는 수축현상(Shrinkage)인데 그림 2.10에 몇 가지 예가 있다. 그러나 용접에 의한 라멜라 테어링은 용접의 상세를 합리적으로 계획함으로써 줄일 수 있다. 그림 2.11과 같이 용접되는 부분이 압연이 진행되는 방향과 일치하도록 함으로써 부재의 수축이 비교적 변형에 강한 부재의 길이 방향으로 생기게 하면 라멜라 테어링을 줄일 수 있다.

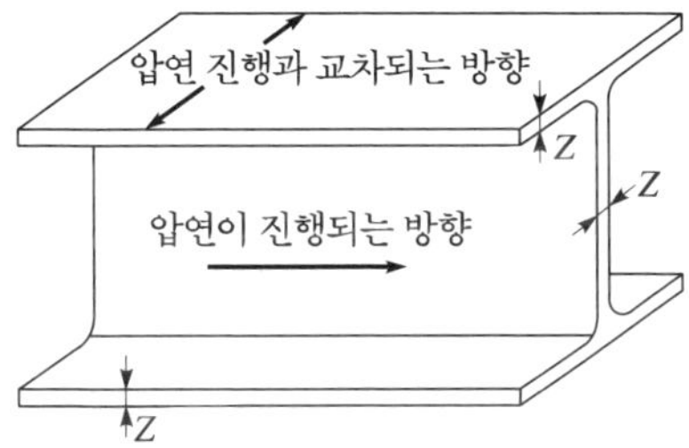

그림 2.12 열간압연에 의한 강재의 방향성

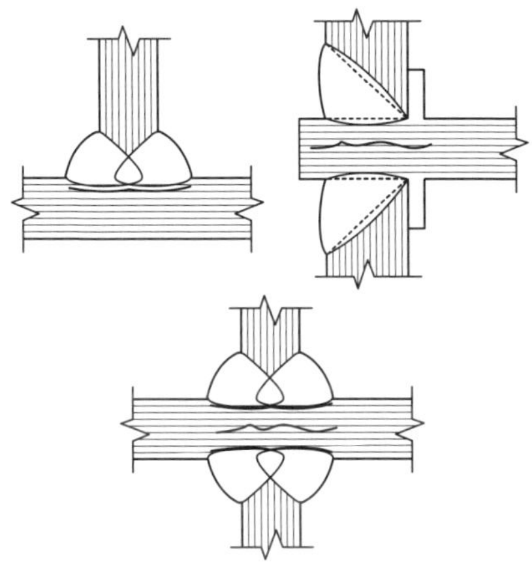

그림 2.13 용접에 의한 라멜라 테어링

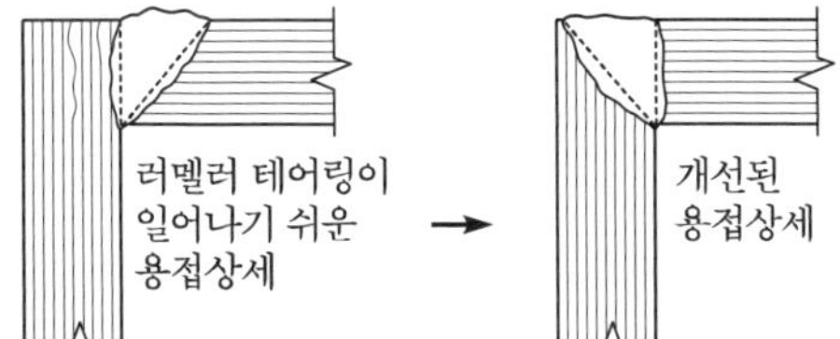

그림 2.14 라멜라 테어링의 방지를 위한 용접상세의 개선

2.4.6 온도에 따른 강재의 성질 변화

앞 절에서 기술한 강재의 성질은 주로 상온에서의 강재의 성질에 관한 것이다. 그러나 화재나 용접 또는 기후의 변화 등으로 인한 주변의 급격한 온도 변화가 발생할 경우 강재의 성질은 상온에서의 성질과는 큰 차이를 나타낸다.

1) 고온에서의 거동

실제 강구조물이 상온보다 높은 온도에 노출되는 상황은 화재가 발생한 경우이며 이러한 고온에서는 강도와 강성이 변화한다.

그림 2.12는 고온에서의 인장강도(F_u), 항복강도(F_y) 및 탄성계수(E)의 변화를 나타내고 있다. 약 130~200℃까지는 큰 변화가 일어나지 않으나 약 200℃를 초과하면 강재의 거동은 비선형적인 특성을 나타낸다. 온도가 증가함에 따라 강도와 강성이 저하되고 약 500℃ 이상에서는 심한 변화가 시작된다.

인장강도는 100~300℃ 사이에서 변형도 노화현상(Strain Aging)에 의해서 일시적으로 소폭 증가하는 특이한 현상을 보이나, 그 이상의 온도에서는 강도가 감소하며 약 600℃ 정도에서 인장강도와 항복강도는 상온에서 강도와 비교하여 절반정도로 감소된다.

탄성계수변화는 강재 변형과 직접적인 관계가 있으므로 매우 중요하다. 600℃ 정도에서의 강성은 상온에서의 60% 정도로 감소된다. 또한 온도가 250 ~300℃의 온도에서는 강재의 크리프(Creep) 현상도 증가된다.

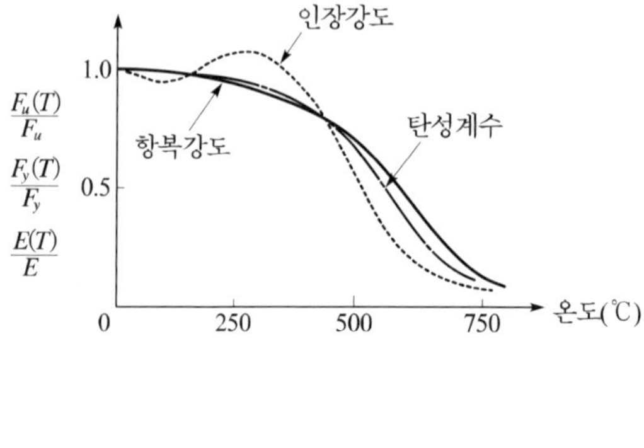

그림 2.15 강도, 강성과 온도와의 관계

2) 저온에서의 거동

일반적으로 강재는 온도가 낮아짐에 따라 인장강도, 항복점, 탄성계수는 증가하며, 연성, 단면수축 인성은 급격히 감소한다. 또한 천이온도 이하에서는 물리적인 성질이 바뀌며, 노치나 균열 등의 결함이 있는 부재에 충격하중이 작용하면 취성파괴가 일어난다. 또한 연성과 인성이 감소함에 따라 변형능력이 줄어들어 결국 취성파괴와 같은 현상이 일어나기 쉽다.

2.5 구조용 강재

2.5.1 구조용 강재의 종류

건설 분야에서 가장 흔히 사용되는 강판, 형강 및 강관에 대해 정리하면 다음과 같다.

강판 (Steel Plates, or Sheets)

편평하게 열간압연 또는 냉간압연된 강재로서 평판 상으로 절단된 강재를 일컬으며 코일 상으로 감긴 강재로부터 자른 판도 포함한다. KS 상에서는 두께 6mm 이상을 후판, 3~6mm의 것을 중판, 3mm 미만의 것을 박판이라고 하며 두께에 따라 건축물, 교량 등 토목구조물, 선박, 차량 등에 사용된다. 주요 강종으로 일반구조용 압연강재, 용접구조용 압연강재, 건축구조용 압연강재, 교량구조용 압연강재가 있으며, 대기 중의 부식에 대한 저항성을 높인 내후성 강재 등이 있다.

형강 (Sections)

열간압연된 구조용 강재인 형강에는 그림 2.13에 보인 바와 같이 H형강, I형강, ㄷ형강, 등변ㄱ형강 및 T형강 등이 있다.

H형강은 가장 널리 쓰이는 형강으로서 단면의 치수표시법은 H-H(단면의 높이)×B(플랜지의 폭)×t_1(웨브의 두께)×t_2(플랜지의

두께)로 표시하며 이 때 단위는 mm이다. H형강은 플랜지의 두께가 일정하게 유지되며 단면성능이 우수하며 접합 등의 시공성이 뛰어난 장점을 갖는다.

I형강은 형태가 H형강과 비슷하나 플랜지의 두께가 안쪽에서 외부로 점차 줄어드는 변단면형상을 갖는다.

ㄷ형강은 한 축에 대하여 대칭이며, 안쪽면이 경사진 플랜지를 가진다. 휨재로 쓰일 때 비틀림 현상에 주의해야 한다. 단면성능은 떨어지지만 접합 시공성이 우수하여 브레이싱 등에 많이 쓰인다.

ㄱ형강은 직교 방향의 두 요소로 이루어진다. 두 요소의 길이가 같고 다름에 따라 등변 ㄱ형강, 부등변 ㄱ형강이라 한다. 표시 방법은 L-A(장축의 길이)×B(단축의 길이)×t이다.

T형강은 하나의 플랜지와 하나의 웨브로 구성된 형강이다. T형강은 H형강의 중앙을 절단하여 만드는 것이 보통이나 I형강을 절단하여 사용하기도 한다.

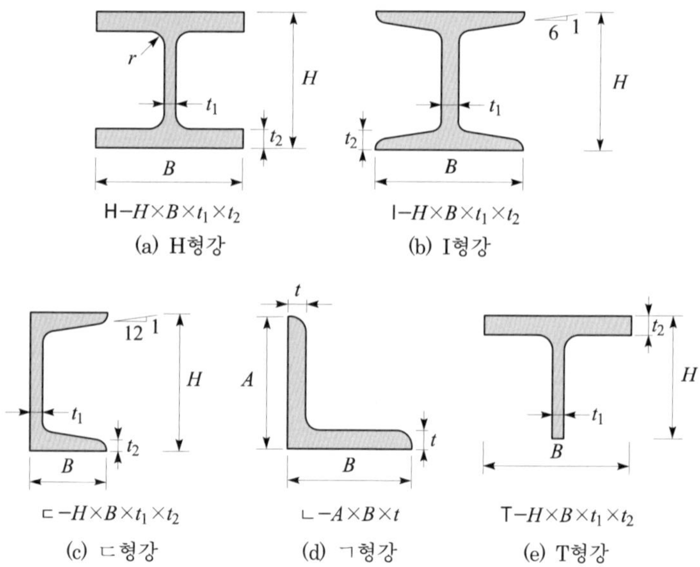

그림 2.16 압연형강

강관

강관은 건축구조물과 말뚝기초에서 흔히 사용된다. 제조형식에 따라서 압연에 의해서 만들어진 이음매 없는(Seamless) 강관과 용접에 의해서 만들어진 이음매가 있는 강관으로 나눈다. 구조용 각형강관은 주로 원형강관을 성형하여 만들어진다. 사각형 강관의 모서리는 둥근 형태를 나타내는 경우가 일반적이다.

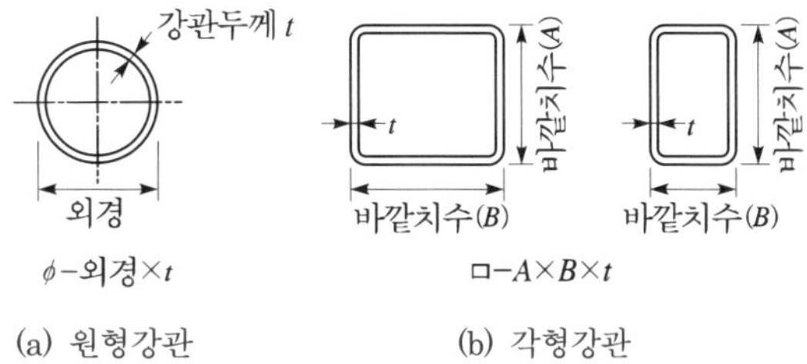

(a) 원형강관 (b) 각형강관

그림 2.17 강관의 종류 및 치수 표시법

냉간성형강

두께가 얇은 강판을 냉간압연에 의해 여러 가지 단면형상으로 만든 형강을 냉간성형강이라 하며, 냉간성형강은 그림 2.16에 나타나 있다. 단면이 얇아서 국부좌굴에 약한 단점을 가지나, 시공의 용이성으로 인해 저층의 주택, 가설물 등의 건설에 주로 쓰인다. 냉간성형강은 적용강종이나 단면특성에 따라 냉간성형 강구조설계기준을 적용한다.

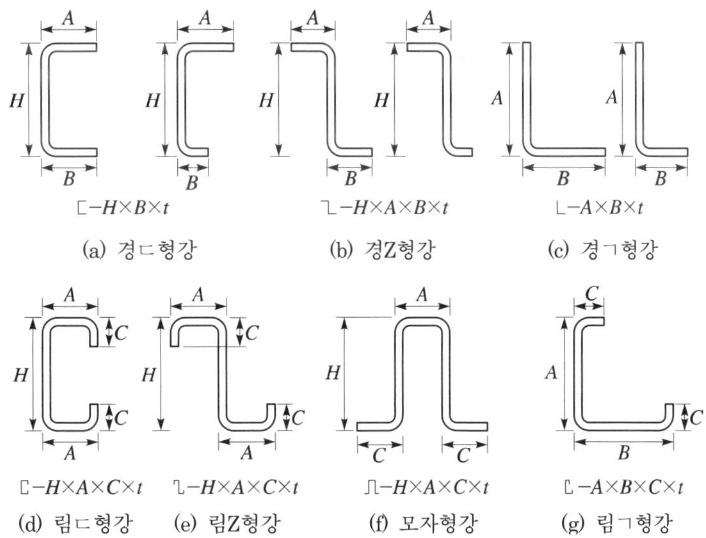

그림 2.18 냉간성형강의 종류 및 치수표시법

2.5.2 구조용 강재의 명칭

구조용 강재에 대하여 한국산업표준(KS)이 2016년 12월 개정되어 주요 강재에 대한 기계적 성질 및 표기 등이 변경되었다. KS의 주요 개정 내용은 강종의 기호를 종래에는 인장강도를 기준으로 하였으나(예 SM 490), 국제표준과 부합되도록 항복강도의 기준(예 SM 355)으로 변경되었고, 강관의 경우 기호가 영문으로 변경되었다. 일부 강재에 대해 항복강도를 상향하였으며, 샤르피흡수에너지, 용접보증을 위한 탄소당량(C_{eq}), 용접균열 감수성(P_{cm})의 적용을 확대하였으며 이를 위해 강종별 화학성분 및 기계적 성질을 강화하였다.

강종의 선정은 구조물의 사용조건(기상조건, 응력상태), 중요도(주요부재, 2차부재)에 따라 적절한 인성이 확보되고 제작(용접이음 등)에 적합한 것을 선정해야 한다. 주요부재에 용접 연결이 필요한 경우 일반구조용 압연강재(SS재)의 사용은 피해야 한다.

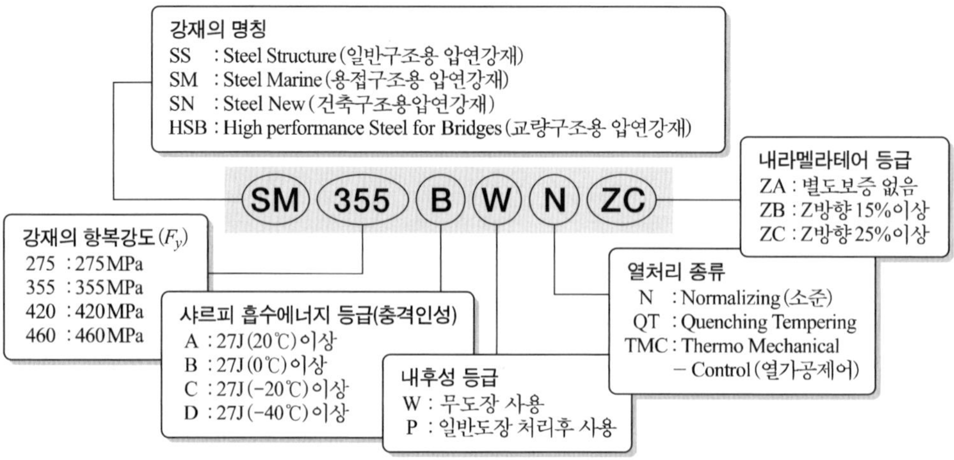

그림 2.19 강재의 기호

표 2.2 주요 구조용 강재

강재의 종류	규격	강재구분	강재기호
1. 구조용 강재	KS D 3503	일반구조용 압연강재	SS 235, SS 275, SS 315, SS 410, SS 450, SS 550
	KS D 3515	용접구조용 압연강재	SM 275A, B, C, D, -TMC SM 355A, B, C, D, -TMC SM 420A, B, C, D, -TMC SM 460B, C, -TMC
	KS D 3529	용접구조용 내후성 열간압연강재	SMA 275A, B, C -TMC SMA 355A, B, C -TMC SMA 460 -TMC
	KS D 3003	항만 및 해양 구조용 내식성 강재	HSM 500
	KS D 3861	건축구조용 압연강재	SN 275A, B, C SN 355B, C -TMC SN 460B, C -TMC
	KS D 3866	건축구조용 열간압연 형강	SHN 275, SHN 355, SHN 420, SHN 460
	KS D 3868	교량구조용 압연강재	HSB 380, L, W HSB 460, L, W HSB 690, L, W
	KS D 5994	건축구조용 고성능 압연강재	HSA 650
2. 강관	KS D 3566	일반구조용 탄소강관	SGT 275, SGT 355, SGT 410, SGT 450, SGT 550
	KS D 3568	일반구조용 각형강관	SRT 275, SRT 355, SRT 410, SRT 450, SRT 550
	KS D 3632	건축구조용 탄소강관	SNT 275E, SNT 355E, SNT 460E, SNT 275A, SNT 355A, SNT 460E
	KS D 3777	철탑용 고장력강관	SHT 410, SHT 460
	KS F 4602	기초용 강관말뚝	STP 275, STP 355, STP 380, STP 450, STP 550
	KS F 4605	강관시트 파일	SKY 400, SKY 490
	KS D 3300	항만 및 해양구조용 내식성강관	STKM 500
3. 경량 및 기타강재	KS D 3530	일반 구조용 경량형강	SSC 275
	KS D 3558	일반구조용 용접경량 H 형강	SWH 275, L, SWH 355, L SWH 420, L, SWH 460, L
	KS D 3602	강제갑판 (데크플레이트)	SDP 1, 2, 3
	KS D 3710	탄소강 단강품	SF 490A, SF 540A

강재의 종류	규격	강재구분	강재기호
	KS D 3858	냉간성형 강널말뚝	SPY 345, W, SPY 450, SPY 345M, SPY 380M
	KS F 4603	H형강 말뚝	SHP 275W, SHP 355W, SHP 450W
	KS F 4604	열간압연강 널말뚝	SY 300, W, SY 400, W

2.5.3 구조용 강재의 특징

▌일반구조용 압연강재 (KS D 3503, SS재)

일반구조용 압연강재(SS재)는 강도 등의 역학적 성질에 중점을 두고 제조한 반면 용접성은 특별히 고려하지 않은 강재이다. KS에는 항복강도에 따라 6종(항복강도 235, 275, 315, 410, 450, 550MPa)이 규정되어 있다. SS재는 SM재에 비하여 조직이 거칠며 표 2.3에 보인 바와 같이 탄소함량이 높고 화학성분 중 P, S의 제한값이 높다.

표 2.3 일반 구조용 압연강재의 역학적 성질[KS D 3503]

강종	항복점 또는 항복강도(N/mm^2)				인장강도 (N/mm^2)	연신율		샤르피 흡수에너지	
	강재의 두께(mm)					강재의 두께 (mm)	값 (%)	시험온도 (°C)	Joule
	16이하	16초과 40이하	40초과 100이하	100초과					
SS235	235 이상	225 이상	205 이상	195 이상	330~450	$t \le 5$ $5 < t \le 16$ $16 < t \le 40$ $t > 40$	≥26 ≥21 ≥26 ≥28	−	−
SS275	275 이상	265 이상	245 이상	235 이상	410~550	$t \le 5$ $5 < t \le 16$ $16 < t \le 40$ $t > 40$	≥21 ≥18 ≥21 ≥23	−	−
SS315	315 이상	305 이상	295 이상	275 이상	490~630	$t \le 5$ $5 < t \le 16$ $16 < t \le 40$ $t > 40$	≥19 ≥16 ≥19 ≥21	−	−

SS재 중 흔히 사용되는 SS 강재들의 기계적 성질은 표 2.4와 같다. SS재는 충격인성 규정이 없고(충격인성을 보증하지 않음), 굽힘시험에서도 휨반지름이 크게 규정되어 있어 일반적으로 판두께가 두꺼워짐에 따라 용접부의 취성화 경향이 있어 비용접 부재에만 사용한다. 따라서 가설재 및 파형강판구조와 같이 볼트연결만 하는 구조에 사용해야 한다. 건축구조물에서는 예외적으로 SS275 강종의 사용을 허용하고 있다.

용접구조용 압연강재 (KS D 3515, SM재)

용접구조용 압연강재(SM재)는 건축물, 교량, 선박, 차량, 석유 저장고, 용기, 그 밖의 구조물에 사용하는 열간압연강재로서 SS 강재에 비해 용접성이 우수하여 용접용 부재로 사용되는 강재이다. 용접성 확보를 위해 C, Si, Mn 등의 원소함량과 용접성 조건인 탄소당량(C_{eq}), 용접균열 감수성(P_{cm})을 규정하고 있다.

표 2.4 용접구조용 압연강재의 역학적 성질[KS D 3515]

강종	항복점 또는 항복강도(N/mm^2) 강재의 두께(mm) 16이하	16초과 40이하	40초과 75이하	75초과 100이하	100초과 200이하	인장강도 (N/mm^2)	연신율 강재의 두께 (mm)	값 (%)	샤르피 흡수에너지 시험온도 (°C)	Joule
SM275A	275 이상	265 이상	255 이상	245 이상	235 이상	410~550	$t \le 5$	≥23	20	27 이상
SM275B							$5 < t \le 16$	≥18	0	27 이상
SM275C							$16 < t \le 40$	≥22	−20	27 이상
SM275D							$t > 40$	≥24	−40	27 이상
SM355A	355 이상	345 이상	335 이상	325 이상	305 이상	490~630	$t \le 5$	≥22	20	27 이상
SM355B							$5 < t \le 16$	≥17	0	27 이상
SM355C							$16 < t \le 40$	≥19	−20	27 이상
SM355D							$t > 40$	≥23	−40	27 이상
SM420A	420 이상	410 이상	400 이상	390 이상	380 이상	520~700	$t \le 5$	≥19	20	27 이상
SM420B							$5 < t \le 16$	≥15	0	27 이상
SM420C							$16 < t \le 40$	≥19	−20	27 이상
SM420D							$t > 40$	≥21	−40	27 이상
SM460B	460 이상	450 이상	430 이상	420 이상	–	570~720	$t \le 16$	≥19	0	47 이상
SM460C							$16 < t \le 40$	≥17	−20	27 이상
							$t > 40$	≥20		

강재의 종류는 항복강도 4종 (275, 355, 420, 460MPa) 외에도 저온충격인성의 판단 기준이 되는 시험온도별 샤르피흡수에너지에 따라 A(20℃), B(0℃), C(−20℃), D(−40℃) 4종으로 구분된다.

건축구조용 강재 (KS D 3861, SN재; KS D 3866, SHN재(형강))

건축구조용 강재로 건축구조용 압연강재(SN재)와 건축구조용 열간압연 형강(SHN재)이 있다. SN(Steel New)재는 건축물의 내진성능 확보를 위해 필수적인 소성변형능력을 보증하도록 하는 규정을 적용하고 있다. 보통 구조용 강재에서는 항복강도의 하한값과 용접성만을 보증하고 있으나, 건축구조용 압연강재에서는 재료강도의 편차를 줄이기 위해 항복강도 상한값과 소성변형능력을 보증하기 위한 항복비를 80% 이하로 제한하고 있다. 탄소량(C), 인(P), 황(S)의 엄격한 제한 등에 의해 용접성 및 냉간 가공성을 향상시키고, 공칭치수를 엄격히 제어하여 철저한 품질관리가 가능하다. 보통 구조용강에서는 충격특성에 의해 A·B·C·D재로 구분하고 있으나, SN재에서의 A·B·C재의 사용구분은 다음과 같이 규정하고 있다.

A : 소성변형성능을 기대하지 않는 부재 혹은 부위에 사용하는 강종
B : 소성변형성능을 기대하는 일반 구조부위에 광범위하게 사용하는 강종
C : 용접 가공 시를 포함하여 판두께 방향으로 큰 인장응력을 받는 부재 또는 부위에 사용하는 강종

H형강에 주로 적용되는 건축구조용 열간압연 형강은 SHN(Steel H-section New)재라 하며, SN강에 준하는 내진성능을 발휘할 수 있도록 항복강도의 상한값과 항복비, 엄격한 화학성분 등을 규정하고 있다. 또한, SM재와 동일하게 항복강도 4종 (275, 355, 420, 460MPa)으로 구성되어 있으나 두께 증가에 따른 강도저감이 없는 것이 특징이다.

표 2.5 건축구조용 강재의 역학적 성질[KS D 3861 SN재, KS D 3866 SHN재]

강종	항복점 또는 항복강도(N/mm²) 강재의 두께(mm) 6이상 40이하	 40초과 100이하	인장강도 (N/mm²)	항복비 (%)	연신율 강재의 두께 (mm)	 값 (%)	샤르피 흡수에너지 시험온도 (°C)	 Joule
SN275A	275이상	265이상	410~520	–	6≤t≤16	≥18(19[1)])	–	–
SN275B SN275C[1)]	275~395	255~375		80이하	16<t≤40 t>40	≥22(23[1)]) ≥24(25[1)])	0 −20	27 이상 27 이상
SN355B SN355C	355~475	335~455	490~610	80이하	6≤t≤16 16<t≤40 t>40	≥17 ≥19 ≥23	0 −20	27 이상 27 이상
SN460B SN460C[2)]	460~580	440~560	570~720	80이하	6≤t≤16 16<t≤40 t>40	≥19(20[2)]) ≥17(18[2)]) ≥20(21[2)])	0 −20	27 이상 27 이상
SHN275	275~395		410~520	85이하	t≤40 t>40	≥21 ≥24	0	27 이상
SHN355	355~475		490~610	85이하	t≤40 t>40	≥21 ≥23	0	27 이상
SHN420	420~540		520~640	85이하	t≤40 t>40	≥19 ≥22	−5	27 이상
SHN460	460이상		570~720	85이하	t≤40 t>40	≥17 ≥20	−5	27 이상

▌교량구조용 압연강재 (KS D 3868, HSB재)

교량구조용 압연강재(HSB재)는 교량용 강재의 강종을 사용자 위주로 단순화하고, 사용 강재의 온도범위를 -20℃ (HSB 690L의 경우 −40℃)까지 확대하여 저온충격인성에 대한 안전성을 확보하며, 하중범위가 높은 용도에서도 안전하도록 고인성을 확보하고 용접성을 향상하여 개발한 교량 맞춤형 고성능 강재이다.

강재의 기호는 HSB(High-performance Steel for Bridges)로 교량구조용강 중, 저온인성이 우수한 HSB 000L재와 내후성능이 우수한 HSB 000W재로 구분된다. 강재는 열가공제어압연(TMCP)하여 제조하도록 되어 있어 두께에 따라 일정 항복강도를 갖는다.

HSB 380, HSB 380W, HSB 460, HSB 460W는 충격시험 −5℃에서

47 J을 보증하여 기존의 SM강재에 비해 우수한 저온인성을 보증한다. HSB 380L, HSB 460L (-20℃에서 47 J 보증) 및 HSB 690L (−40℃에서 47 J 보증)은 저온인성이 특히 더욱 우수한 강재로 저온 환경에서의 허용 판두께를 기존 대비 증가할 수 있다.(비고: SM재는 27 J 보증). 또한 용접성이 우수하여 낮은 C_{eq}와 P_{cm}을 가지며 동급 SM재 보다 낮은 제한치를 가지고 있어 대입열, 저예열 용접이 가능하다.

표 2.6 교량구조용 압연강재의 역학적 성질[KS D 3868]

강종	항복점 또는 항복강도(N/mm²)	인장강도 (N/mm²)	연신율		샤르피 흡수에너지	
			강재의 두께 (mm)	값 (%)	시험온도 (°C)	Joule
HSB380 HSB380L HSB380W	380 이상	500 이상	$t \leq 16$ $16 < t \leq 40$ $t > 40$	≥15 ≥19 ≥21	−5 −20 −5	47 이상 47 이상 47 이상
HSB460 HSB460L HSB460W	460 이상	600 이상	$t \leq 16$ $16 < t \leq 20$ $t > 40$	≥19 ≥26 ≥20	−5 −20 −5	47 이상 47 이상 47 이상
HSB690 HSB690L HSB690W	690 이상	800 이상	$t \leq 16$ $16 < t \leq 20$ $t > 20$	≥15 ≥22 ≥16	−20 −40 −20	47 이상 47 이상 47 이상

2.5.4 접합재료

고장력볼트의 KS B 1010에 적합한 재료를 사용하며, 재료강도는 표 2.6에 나타낸 값으로 한다. 또한 일반볼트의 재료강도는 표 2.7과 같고, 표에서 규정하는 것 이외의 중볼트에 대한 항복강도 및 인장강도는 「KS B 1002」에 정해진 항복강도 및 인장강도의 최솟값으로 한다.

표 2.7 고장력볼트의 재료강도 (N/mm²)

볼트등급 / 최소강도	F8T	F10T	F13T[1]
F_y	640	900	1170
F_u	800	1000	1300

주 1) KS B 1010에 의하여 수소지연파괴민감도[2]에 대하여 합격된 시험성적표가 첨부된 제품에 한하여 사용하여야 한다.
2) 수소지연파괴 : 상온에서 정적인 인장부하가 걸린 상태에서 어느 정도 시간이 지나면 외견상의 소성 변화없이 어떤 결함에서 균열이 발생하여 갑자기 파단되는 것으로 수소 취성(Hydrogen Embrittlement)이 원인이 되어 일어나는 현상

표 2.8 일반볼트의 재료강도 (N/mm²)

강도구분	최소강도[1]
F_y	240
F_u	400

주 1) KS B 1002에 따른 강도 구분

2.5.5 재료정수

구조용 강재의 재료정수는 일반적으로 표 2.9에 나타낸 값으로 한다.

표 2.9 강재의 재료정수

정수 / 재료	탄성계수 E(MPa)	전단탄성계수 G(MPa)	포아송비 ν	선팽창계수 α(1/℃)
강재	210,000	81,000	0.3	0.000012

연습문제

1) 건축구조용압연강이라 하며, 건축물의 내진성능을 확보하기 위하여 항복점의 상한치 제한 등에 의한 품질의 편차를 줄이고, 용접성 및 냉간 가공성을 향상시킨 강재는?

① SM강재 ② TMCP강재 ③ SS강재 ④ SN강재

[답] ④ SN강재

2) 강구조에 사용하는 강재에 대한 설명으로 틀린 것은?

① SN재는 건축물의 내진성능을 확보하기 위하여 항복점의 상한치를 제한하는 강재이다.
② TMCP 강재는 판두께 증가에 따른 항복강도의 저감이 크게 나타난다.
③ SMA는 내후성을 높인 강재이다.
④ SM490B 강재의 기호 B는 충격흡수에너지를 나타내는 값에 대한 기호이다.

[답] ② TMCP 강재는 80mm 이하 후판에서도 항복강도가 저하되지 않는다.

3) 강재의 응력-변형도 시험에서 인장력을 가해 소성상태에 들어선 강재를 다시 반대 방향으로 압축력을 작용하였을 때의 압축항복점이 소성상태에 들어서지 않은 강재의 압축항복점에 비해 낮은 것을 볼 수 있는데 이러한 현상을 무엇이라 하는가?

① 뤼더선(Lüder's Line)
② 소성흐름(Plastic Flow)
③ 바우싱거 효과(Bauchinger's Effect)
④ 응력집중(Stress Concentration)

[답] ③ 바우싱거 효과

참고문헌

2.1 국토교통부 (2019). "건축물 강구조 설계기준 (KDS 41 31 00 : 2019)"

2.2 대한건축학회 (2016). "건축구조기준, 제7장 강구조"

2.3 한국강구조학회 (2014). "하중저항계수설계법에 의한 강구조설계기준"

2.4 한국강구조학회 (1995). "강구조편람 (제1권)", 구미서관, pp 1-202.

2.5 한국기술표준원 (2016). 한국산업표준(KS)

2.6 Byars, Snyder and Plants (1925). "Engineering Mechanics of Material of Deformable Bodies", Harper Collins Publisher, pp 69-111.

2.7 Salmon, Charles G. and Johnson, John E. (1996). "Steel Structures-esign and behavior-4th", Harper Collins Publisher, pp 62-65.

2.8 Gaylord, Edwin H. Jr and Stallmeyer, James E. (1957). "Design of Steel Structures", McGraw Hill, pp 33-113.

2.9 Geschwindner, Louise F., Disque, Robert O. and Bjorhovde, Reidar (1994). "Load and Resistance Factor Design of Steel Structures", Prentice Hall, pp 88-141.

2.10 高梨晃一 (1988). 最新 鐵骨構造, 森北出版社, pp 8-9.

2.11 한국강구조학회 (2000). SM 570강재의 구조설계, 포항산업과학연구원

2.12 http://www.posco.co.kr

2.13 http://www.hyundai-steel.com

Steel Structures

제3장 설계개념 및 하중

3.1 설계법의 종류

강구조물의 구조설계는 허용응력설계법과 하중저항계수설계법의 두 가지 설계법이 사용되고 있다. 허용응력설계법은 지난 100여 년 동안 주된 설계법으로서 사용되어 오고 있지만 최근의 구조설계는 보다 이상적이고 확률을 바탕으로 한 하중저항계수설계법으로 바뀌어가고 있다.

국내에서는 1990년대 말에 이르기까지 강구조물의 구조설계는 거의 허용응력설계법에 의하여 이루어졌으나, 최근 강구조 설계기준(KDS 41 30 10)에서는 하중저항계수설계법만 규정하고 있다. 허용응력설계법은 재료와 하중의 특성을 적절히 반영하지 못하는 한계로 인하여 하중저항계수설계법으로 대체되고 있는 것이 세계적인 추세이다.

3.2 하중저항계수설계법

Note:
하중저항계수설계법(LSD)은 구조물의 강도한계상태와 사용한계상태에 대해 확률·통계적인 방법으로 구조물을 안전하게 설계하고자 하는 합리적인 설계법

일반적으로 구조물의 설계에서 구조물에 작용하는 하중에 의해 발생하는 휨모멘트, 전단력 등 하중이 구조물의 저항능력보다 크게 되면 구조물은 파괴상태에 이르게 되고 저항능력보다 작게 되면 안전한 상태가 된다. 그리고 구조물에 작용하는 하중이 저항능력과 같게 되면 구조물은 한계상태(Limit State)에 이르렀다고 말한다.

구조물에 작용하는 하중과 구조물의 저항능력은 실제로는 불확실성을 가지고 있기 때문에 확률통계적인 접근방법으로 다루게 된다. 구조물의 저항능력을 R, 작용하는 하중을 Q로 나타내면, R과 Q는 다음과 같은 관계로 정의할 수 있다.

저항능력 R > 하중 Q → 안전
저항능력 R < 하중 Q → 파괴
저항능력 R = 하중 Q → 한계상태

위로부터 구조물에 하중이 계속 작용하게 되면 구조물은 안전한 상태에서 한계상태를 거쳐서 파괴상태에 이르게 된다는 사실을 알

수 있다. 따라서 구조물이 파괴상태에 도달하지 않기 위해서는 구조물에 작용하는 여러 형태의 하중효과가 구조물의 모든 한계상태보다 작게 설계되어야 한다.

구조물의 한계상태는 강도한계상태(Strength Limit State)와 사용한계상태(Serviceability Limit State)의 두 종류가 있으며 표 3.1과 같은 특징을 가진다.

표 3.1 강도한계상태와 사용한계상태

구분	강도한계상태 (strength limit state)	사용한계상태 (serviceability limit state)
목적	최대하중에 대한 구조안전 확보	구조물의 성능과 관계
구조물의 한계상태 도달시	구조물이 강도한계상태를 초과하면 파괴	- 구조물이 사용한계상태를 초과해도 파괴되지 않음 - 구조물의 기능 및 성능 저하 → 사용하기에 부적합
한계상태에 미치는 요소	골조의 불안정성, 기둥의 좌굴, 보의 횡좌굴, 접합부 파괴, 인장부재의 전단면 항복, 피로파괴, 취성파괴 등	부재의 과다한 탄성변형, 부재의 과다한 잔류변형, 바닥재의 진동, 장기변형, 처짐

3.2.1 강도한계상태

구조물의 저항능력이 하중효과보다 크면 구조물은 안전하지만, 작은 경우에는 구조물은 파괴에 도달하게 된다. 저항능력이 하중효과와 동일한 경우는 구조물이 강도의 한계상태에 도달하였다고 한다. 저항능력과 하중효과는 다음과 같이 정의된다.

- **하중효과** : 작용하는 하중에 불확실성과 잠정적인 과다한 하중의 작용효과를 고려한 것.
  (하중효과 = 구조물의 소요강도 = 작용하중 × 하중계수)
- **저항능력** : 시공시의 불확실성을 고려한 구조물의 설계강도
  (저항능력 = 구조물의 설계강도 = 공칭강도 × 저항계수)

강도한계상태는 다음 식으로 규정하고 있다.

$$R_u \le \phi R_n \tag{3.1}$$

여기서, ϕ : 저항계수

R_n : 공칭강도

R_u : 소요강도(= $\sum_{i=1} r_i Q_i$)

γ_i : 하중계수

Q_i : 하중효과

여기에서 하중계수는 일반적으로 1.0보다 큰 값을, 저항계수는 1.0보다 작은 값을 사용한다. 다만 하중계수는 하중조합 시에 1.0보다 작은 경우도 있다.

3.2.2 사용한계상태

구조물을 안전하게 설계하는 것은 강도한계상태에 대한 안전의 확보와 하중계수가 1.0인 사용한계상태에 대한 문제를 고려하여야 한다. 사용한계상태설계는 구조물의 기능, 외관, 유지관리, 내구성 및 사용자의 편리함을 일정한 기준 이상으로 확보하도록 하는데 있다. 이러한 사용한계상태와 관련된 사항은 대체적으로 다음과 같이 구조물의 변형과 진동 등으로 대표해서 나타낼 수 있다.

1) 구조물의 변형

> Note:
> 구조물의 변형 관련 사용한계상태설계 고려사항
> - 외벽이나 칸막이 벽 등 비구조재의 손상 방지
> - 외장재의 분리와, 창호 등의 변형에 의한 기능 상실

각종 하중에 의한 구조물의 변형은 탄성적인 거동에 의한 것으로 간주하며, 이러한 거동은 구조물의 형태, 사용하중 등에 따라 다르게 된다. 구조물의 구조는 바람이나 지진 등 수평하중에 의한 수평변위로 인하여 발생하는 불쾌감, 마감재의 손상, 구조물의 피해 및 인접 구조물과의 충돌 등을 일으키지 않도록 충분한 수평강성을 확보하도록 하고 있다. 또한 온도변화에 의한 외부기둥의 변형과 보나 바닥구조물의 변형은 구조물의 기능과 성능저하를 초래할 뿐만 아니라 거주자의 심리적 불안감을 일으키기도 한다.

2) 구조물의 진동

바닥구조의 진동은 구조물의 성능저하와 거주자에게 심리적 불안감이나 불쾌감을 주므로 이러한 문제를 해결하기 위해서는 구조물의 강성과 고유진동수 및 감쇠효과 등을 고려한 동적해석(Dynamic Analysis)을 수행해야 하는 경우도 있다. 특히 구조물의 진동으로 인한 변위뿐만 아니라 속도나 가속도 응답이 거주자에게 심리적 불안을 일으킬 수도 있으므로 주의해야 한다. 이러한 구조물의 진동응답을 감소시키기 위해서는 구조물의 고유진동수와 외력의 진동수 성분이 일치할 때 발생하는 공진현상이 발생하지 않도록 해야 하며, 구조물의 진동을 감소시키기 위해 감쇠효과를 증대시키는 방법에 대한 고려도 필요하다. 특히 고층 구조물의 경우 풍하중에 의한 수평방향의 가속도로 불안감이 발생하지 않도록 구조물의 형상, 강성, 질량 및 진동모드 등을 고려하여야 한다.

3) 피로

일정한 기준에 의하여 설계된 구조물의 부재 및 접합부는 피로에 대해 별도로 고려하지 않아도 좋으나 반복하중을 받는 크레인 주행보 및 기계장치 등의 지지구조물은 피로에 대비한 설계를 수행하여야 한다.

예제 3.1

다음 중 강구조의 하중저항계수설계법과 관련 없는 것은?

- 안전계수
- 하중계수
- 소요강도
- 저항계수
- 설계강도

풀이

안전계수와 구조물의 변형은 허용응력설계법에 사용되는 용어이다.

예제 3.2

다음 항목들 중 하중저항계수설계법에서 강도한계상태를 구성하는 요소가 아닌 것을 모두 고르시오.

- 바닥재의 진동
- 골조의 불안정성
- 기둥의 좌굴
- 취성파괴

풀이

바닥재의 진동은 사용한계상태에 속한다.

3.3 하중의 종류

구조물에 작용하는 공칭하중의 종류는 구조재와 마감재의 자중인 고정하중과 구조물의 용도에 따라 적재되는 물품과 사람의 중량 등에 의한 활하중이 있다, 이외에도 풍하중, 설하중, 지진하중, 강우하중, 수압, 토압, 온도, 초기변형에 의한 하중 등이 있다.

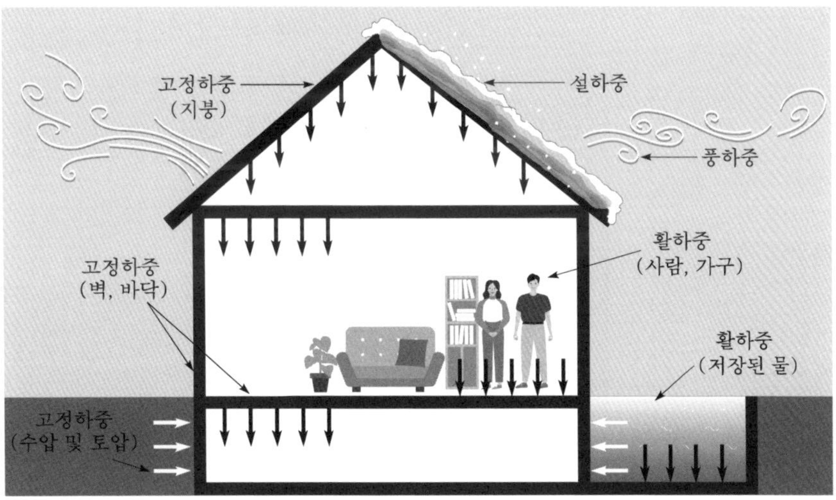

그림 3.1 하중의 종류

1) 고정하중

고정하중은 구조물의 자중과 모든 영구 시공물의 중량에 의한 하중을 의미한다. 고정하중을 산정하는 가장 정확한 방법은 실제 구조물과 영구 시공물의 중량을 측정하는 것인데, 이는 현실적으로 어렵다. 따라서 고정하중을 산정하기 위해서는 구조물의 재료에 따른 고정하중을 수록한 자료나 기준을 이용한다. 이러한 자료 및 기준에 의하여 계산된 고정하중과 실제 고정하중 사이에는 어느 정도의 오차가 있을 수 있다.

2) 활하중(적재하중)

활하중은 구조물의 사용과 점유에 의해 발생하는 하중, 즉 인간이나 차량, 이동하중, 물품, 가구, 저장물 등의 중량에 의한 하중을 의미한다. 활하중을 발생시키는 요소, 즉 인간이나 점유물 등은 수시로 이동할 가능성이 있기 때문에 활하중의 정확한 분포를 예측하기 힘들고 시간에 따른 활하중의 변동 폭도 비교적 크다. 활하중은 때에 따라서 거의 없는 경우도 있을 수 있고 고정하중의 몇 배에 해당하는 값을 갖는 경우도 있어서 기준에 의한 활하중과는 상당한 차이를 가질 수도 있다.

활하중은 구조물의 용도에 따라 정해지고 집중하중 또는 단위면적당 등분포하중으로 주어지며 예측 가능한 최댓값을 사용한다.

3) 설하중

설하중은 눈이 구조체에 쌓여 생기는 하중을 의미한다. 설하중은 중력에 의한 비영구적 하중이라는 점에서 활하중과 비슷한 면이 있으나 활하중과는 다른 특성을 가지므로 구별하여 사용한다. 설하중은 특정지역의 기후적 상황과 구조물의 형상, 특히 지붕의 형상에 영향을 받는다. 설하중 산정의 어려운 점은 실제 눈의 중량과 구조물의 지붕에 가해지는 설하중의 상관관계를 정하는 것이다.

설계용 지붕 설하중은 지상 설하중의 기본치를 기준으로 하여, 기본지붕설하중계수, 노출계수, 온도계수, 중요도계수, 지붕의 경사도 및 형상계수와 기타 재하분포 상태 등을 고려하여 산정한다.

4) 풍하중

풍하중은 바람의 운동에너지가 구조체에 부딪히면서 압력 형태의 위치에너지로 변화되어 생기는 하중으로 파괴력이 매우 큰 동적하중이다. 풍하중은 공기밀도, 속도 및 바람이 불어오는 각도 등의 기류적 특성과 구조물의 형태, 강성, 표면상태 등의 구조체 특성에 따라 달라지므로 이를 정량적으로 산정하기는 매우 복잡하다. 중저층 구조물은 풍하중이 설계를 좌우하는 경우가 드물지만, 고층화가 되면 풍하중을 지지하기 위해 구조부가 커지고 그 결과 공사비가 증가하므로 적절한 풍하중 산정은 경제성에 직결된 문제이다.

5) 지진하중

지진으로 인한 지반운동은 구조체에 횡변형을 일으키며 이로 인해 관성력이 발생한다. 이 관성력은 구조체에 응력을 발생시키는 하중으로 작용하게 되는데 이를 지진하중이라 한다. 지진은 자연재해 중 가장 파괴력이 큰 것으로 구조물에 대한 영향이 상당히 크다.

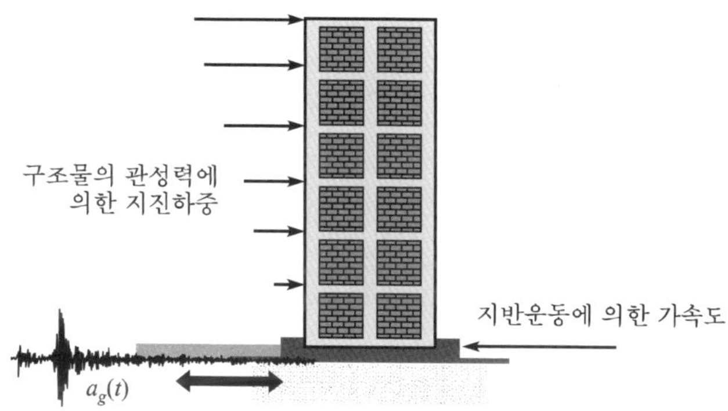

그림 3.2 지진하중

6) 기타 하중

구조물에 영향을 미치는 기타 하중은 빗물하중, 수압, 토압, 초기변형에 의한 하중 등이 있다. 여기서 수압은 일정한 압력과 높이에 의해 작용하는 하중을 의미하고, 토압은 흙에 의한 압력과 지중수압에 의한 수평력을 의미한다.

3.4 하중조합

강도한계상태설계에서 구조물과 구조부재의 소요강도는 각종 구조물 또는 시설물 별로 정해진 설계기준에 따라 다양한 하중조합을 적용한다. 아래는 그 중의 하나를 예로 든 것이며, 여러가지 하중조합 중에서 가장 불리한 경우를 선택한다.

$$1.4(D+F) \tag{3.2}$$

$$1.2(D+F+T)+1.6L+0.5(L_r \text{ 또는 } S \text{ 또는 } R) \tag{3.3}$$

$$1.2D+1.6(L_r \text{ 또는 } S \text{ 또는 } R)+(1.0L \text{ 또는 } 0.5W) \tag{3.4}$$

$$1.2D+1.0W+1.0L+0.5(L_r \text{ 또는 } S \text{ 또는 } R) \tag{3.5}$$

$$1.2D+1.0E+1.0L+0.2S \tag{3.6}$$

$$0.9D+1.0W \tag{3.7}$$

$$0.9D+1.0E \tag{3.8}$$

여기서, D : 고정하중
L : 활하중
L_r : 지붕의 활하중
W : 풍하중
S : 설하중
E : 지진하중
R : 강우하중
F : 유체압(F) 및 용기 내용물하중
H : 유체압(F) 및 용기 내용물하중
T : 온도하중

예제 3.3

강도설계법에 의한 구조물의 설계에서 고정하중 w_D = 4kN/m^2이고 활하중 w_L = 5kN/m^2이다. 소요 강도 산정을 위한 계수하중 w_u는 얼마인가? (단, 고정하중과 활하중의 하중계수는 각각 1.2, 1.6이다.)

풀이

$$w_u = 1.2w_D + 1.6w_L = 1.2 \times 4 + 1.6 \times 5 = 12.8\text{kN/m}^2$$

예제 3.4

보의 자중이 0.7kN/m이고, 적재하중이 1.0kN/m인 등분포 하중을 받는 스팬 7m의 단순지지보의 소요모멘트강도 Mu는 얼마인가? (단, 고정하중과 활하중의 하중계수는 각각 1.2, 1.6이다.)

풀이

$$w_u = 1.2w_D + 1.6w_L = 1.2 \times 0.7 + 1.6 \times 1.0 = 2.44\text{kN/m}$$

$$M_u = \frac{w_u L^2}{8} = \frac{2.44 \times 7^2}{8} = 14.95\,\text{kN·m}$$

연습문제

1) 하중저항계수설계법에 대한 설명으로 옳지 않은 것은?

① 하중저항계수설계법이란 구조물의 강도한계상태와 사용한계상태에 대해 확률・통계적인 방법으로 접근하여 구조물을 안전하게 설계하는 방법을 말한다.
② 한계상태의 종류로는 강도한계상태와 사용한계상태가 있다.
③ 골조의 불안정성, 기둥의 좌굴, 보의 횡좌굴 등은 강도한계상태에 해당된다.
④ 구조물이 사용한계상태를 초과하면 파괴되는 것으로 간주한다.

[답] ④ 구조물이 사용한계상태를 초과해도 파괴되지 않는다.

2) 하중과 하중조합에 대한 설명으로 옳지 않은 것을 고르시오.

① 인간이나 차량, 이동하중, 물품, 기기, 저장물 등의 중량에 의한 하중을 활하중이라 한다.
② 지진으로 인한 지반운동은 주로 구조체에 횡변형을 일으키고 관성력을 발생시킨다.
③ 강도한계상태설계에서 하중계수는 항상 1.0 또는 그 이상을 적용한다.
④ 난방구조물은 비난방구조물에 비해 더 작은 설하중을 적용할 수 있다.

[답] 하중조합에 따라 1.0 미만의 하중계수를 적용할 수 있다.

3) 구조물 상부층에 있는 압축재에 다음과 같은 하중이 작용할 때, 이 압축재의 소요압축강도(P_u)를 구하시오. (단, 고정하중과 활하중의 하중계수는 각각 1.2, 1.6을 적용한다.)

고정하중 400kN 의 압축력
적재하중 180kN 의 압축력

① 400kN ② 522kN ③ 694kN ④ 768kN

[답] ④ P_u =768kN

참고문헌

3.1 국토교통부 (2022). "건축물 강구조 설계기준 (KDS 41 30 10 : 2022)"

3.2 국토교통부 (2022). "건축물 설계하중 (KDS 41 12 00 : 2022)"

3.3 한국강구조학회 (2021). "KDS 41 31 00 : 2019에 따른 강구조설계", 구미서관

3.4 AISC (2005). "Specification for Load and Resistance Factor Design, Manual of Steel Construction", American Institute of Steel Construction, Vol 1, Vol 2

3.5 Elingwood, B, Galambos, T. V, MacGregor, J. G and Cornell, C. A, (1980). Development of a Probability Based Load Criterion for American National Standard A58 Building Code Requirements for Minimum Design Load in Building and Other Structures, National Bureau of Standards Special Publications 577

3.6 Ravindra, M. K and Galambos, T. V (1978). "Load and Resistance Factor Design for Steel", American Society of Civil Engineering, Vol 104, pp 1337–1353

Steel Structures

제4장 인장재

4.1 개요

인장재란 부재의 축방향으로 인장력을 받는 구조부재로서 트러스구조의 하현재, 고층구조물의 가새(Bracing System), 현수구조(Suspension Structure)에 쓰이는 케이블 등이 대표적인 인장재이다. 일반적으로 널리 쓰이는 인장재의 단면형태로는 강봉이나 ㄱ형강 그리고 T형강 등이 주로 사용되나 인장력이 큰 경우에는 H형강이 쓰이기도 한다. 인장재의 단부접합에는 고장력볼트 등의 파스너나 용접을 사용한다.

접합에 연결재를 사용할 경우 인장재에 파스너의 설치를 위한 구멍을 뚫어야 하므로 인장력을 지지하는 단면적이 줄어들게 되어서 인장재의 설계에는 이러한 단면결손에 의한 영향을 고려하여야 한다. 따라서 인장재는 총단면에 대한 항복과 단면결손 부분의 파단이라는 두 가지 한계상태에 대해 검토해야 한다.

4.2 총단면적

총단면적(A_g)이란 부재축의 직각방향으로 측정된 각 요소단면의 합이다.

$$A_g = h \times t \tag{4.1}$$

여기서, h : 부재의 폭

t : 부재의 두께(mm)

4.3 순단면적

4.3.1 정렬배치 구멍인 경우

순단면적이란 인장재 접합부의 연결재 구멍에 의한 결손부분을 고려한 단면적으로서 구멍의 배열상태에 따라 파단이 일어나는 형태가 달라지므로 모든 발생 가능한 파단선에 대해 순단면적을 구한 후 그 중 가장 작은 값을 인장재의 순단면적으로 사용해야 한다. 그림 4.1(a)와 같이 연결재가 인장력에 직각인 방향으로 나란히 정렬배열된 경우에는 파괴가 연결재 구멍의 중심을 따라 일어나므로 파단선은 A-B가 된다. 이 때 단면의 순단면적 A_n은 총단면적 A_g에서 연결재 구멍에 의한 결손부분을 뺀 값으로 다음과 같이 구할 수 있다.

$$A_n = A_g - n \times d \times t \tag{4.2}$$

여기서, n : 인장력에 의한 파단선상에 있는 구멍의 수

d : 연결재 구멍의 직경(mm)으로 M16~M22까지는 고장력볼트 호칭에 공차 2mm를 더하고 M24이상은 공차 3mm를 더한 값을 표준구멍치수로 한다.

t : 부재의 두께(mm)

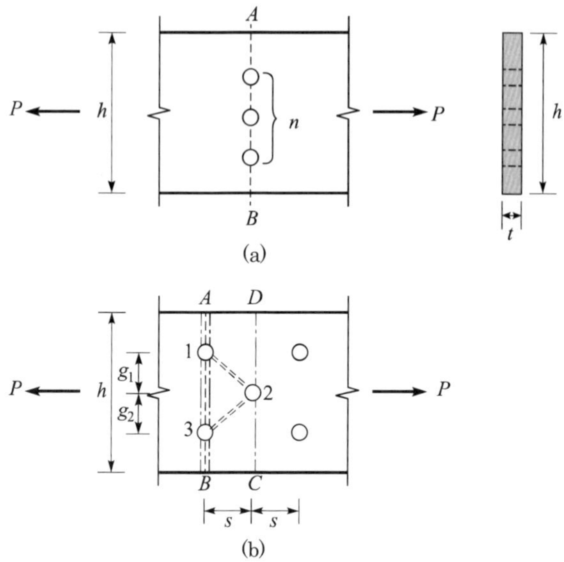

그림 4.1 인장재의 파단선

4.3.2 불규칙(엇모)배치 구멍인 경우

1) 구멍이 동일 평면상에 있는 경우

그림 4.1(b)와 같이 연결재의 구멍이 엇갈리게 불규칙(엇모)배열된 경우에는 구멍들이 동일직선 상에 있지 않아 동일직선 상에 있는 경우에 비해 구멍에 의한 단면결손효과가 줄어들게 되며, 이러한 경우에는 다음과 같이 순단면적을 구한다.

$$A_n = A_g - n \times d \times t + \sum \frac{s^2}{4g} t \tag{4.3}$$

여기서, s : 인접한 2개 구멍의 응력 방향 중심간격, 피치(mm)
g : 연결재 게이지선 사이의 응력 수직방향 중심간격(mm)

그림 4.1(b)의 4가지 파단선의 경우에 대한 순단면적은 다음과 같다. 파단선은 A-1-3-B, A-1-2-3-B, A-1-2-C 그리고 D-2-3-B의 네 가지의 파단선을 가정할 수 있다. 파단선 A-1-3-B의 경우 연결재가 동일 직선상에 위치하므로 순단면적은 식(4.2)를 사용하여 구한다. 파단선 A-1-2-3-B의 경우는 파단선 상의 구멍의 개수는 증가하나 파단선의 길이가 증가한다.

파단선 A-1-3-B : $A_n = (h - 2d)t$

파단선 A-1-2-3-B : $A_n = \left(h - 3d + \dfrac{s^2}{4g_1} + \dfrac{s^2}{4g_2}\right)t$

파단선 A-1-2-C : $A_n = \left(h - 2d + \dfrac{s^2}{4g_1}\right)t$

파단선 D-2-3-B : $A_n = \left(h - 2d + \dfrac{s^2}{4g_2}\right)t$

이 중에서 순단면적이 가장 작은 경우가 실제로 파괴가 일어나는 파단선이며 이 인장재의 순단면적이 된다. 그런데 파단선 A-1-2-C와 D-2-3-B의 순단면적은 파단선 A-1-3-B의 경우보다 항상 크므로 파단선 A-1-2-C와 D-2-3-B의 경우는 처음부터 고려할 필요가 없다는 것을 알 수 있다.

2) 구멍이 동일 평면상에 있지 않는 경우

그림 4.2(a)와 같이 동일 평면상에 있지 않은 ㄱ형강의 순단면적은 그림 4.2(b)와 같이 두 면을 펴서 동일 평면상에 놓은 후 앞에서와 동일한 방법으로 구한다. 이 때 게이지선 사이의 간격 g의 값은 그림 4.2(a)에서 ㄱ형강의 두 구멍 사이의 거리는 중복되는 두께 t를 뺀 값을 사용한다. 즉, g값은 식(4.4)와 같이 결정한다.

$$g = g_a + g_b - t \quad (4.4)$$

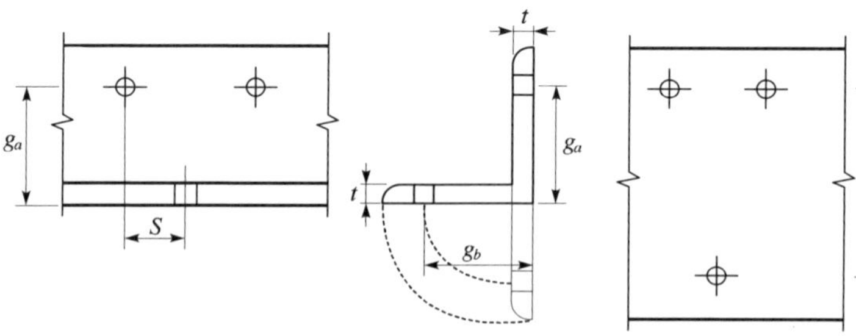

그림 4.2 ㄱ형강의 순단면적

(a) (b)

예제 4.1

다음 그림 4.3과 같은 인장재의 순단면적을 구하시오. 사용 고장력볼트는 M20(F10T)이고 판의 두께는 6mm이다.

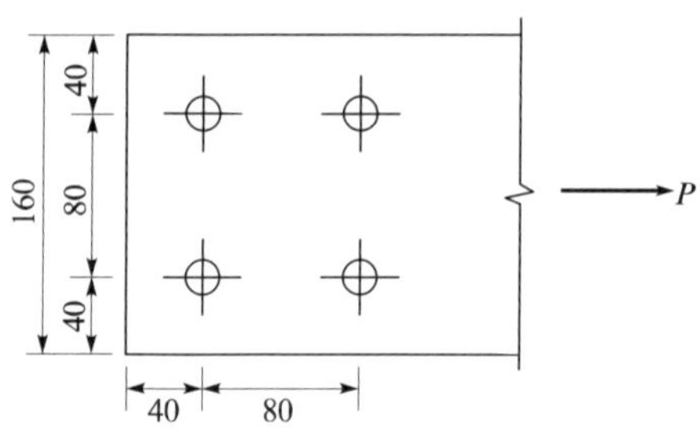

그림 4.3 예제 4.1

풀이

볼트구멍의 직경은 $d = 20 + 2 = 22\text{mm}$

(M20 볼트 20mm 직경에 2mm 추가함)

$A_g = 6 \times 160 = 960\text{mm}^2$

$$A_n = A_g - n \times d \times t = 960 - 2 \times 22 \times 6 = 696\text{mm}^2$$

∴ 순단면적은 696mm^2

예제 4.2

다음 그림 4.4와 같은 인장재의 순단면적을 구하시오. 강판의 두께는 10mm이고, 사용 고장력볼트는 M22(F10T)이다.

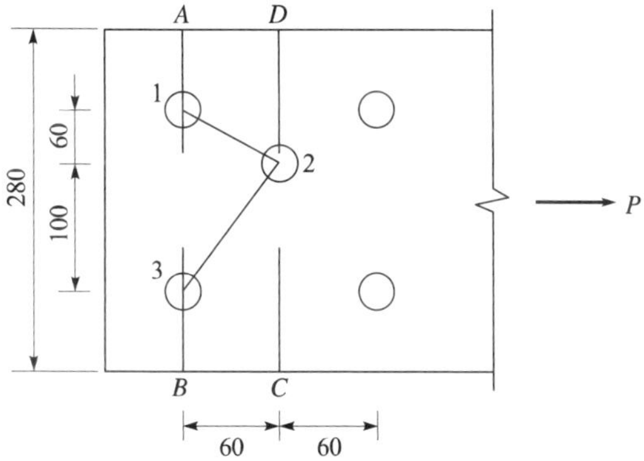

그림 4.4 예제 4.2

풀이

볼트구멍 직경 $d = 22 + 2 = 24\text{mm}$

$$A_g = 10 \times 280 = 2{,}800\text{mm}^2$$

(1) A-1-3-B인 경우

$$A_n = 2{,}800 - 2 \times 24 \times 10 = 2{,}320\text{mm}^2$$

(2) A-1-2-C인 경우

$$A_n = 2{,}800 - 2 \times 24 \times 10 + \left(\frac{60^2}{4 \times 60}\right) \times 10 = 2{,}470\text{mm}^2$$

(3) A-1-2-3-B인 경우

$$A_n = 2{,}800 - 3 \times 24 \times 10 + \left(\frac{60^2}{4 \times 60} + \frac{60^2}{4 \times 100}\right) \times 10 = 2{,}320\text{mm}^2$$

(4) D-2-3-B인 경우

$$A_n = 2{,}800 - 2 \times 24 \times 10 + \left(\frac{60^2}{4 \times 100}\right) \times 10 = 2{,}410\text{mm}^2$$

(1)~(4) 중 가장 작은 값이 순단면적이다.

∴ 순단면적은 $2{,}320\text{mm}^2$

이 문제의 경우 구멍 2개를 지나는 파단선 (1) A-1-3-B, (2) A-1-2-C 및 (4) D-2-3-B 중 (2) A-1-2-C 및 (4) D-2-3-B는 (1) A-1-3-B의 경우보다 항상 크므로 파단선 (2) A-1-2-C 및 (4) D-2-3-B의 경우는 처음부터 고려할 필요가 없다.

예제 4.3

다음 그림 4.5와 같은 L-90×90×10 인장재의 순단면적을 구하시오. 사용 고장력볼트는 M20(F10T)이고, L-90×90×10의 단면적은 1,700mm^{2}이다.

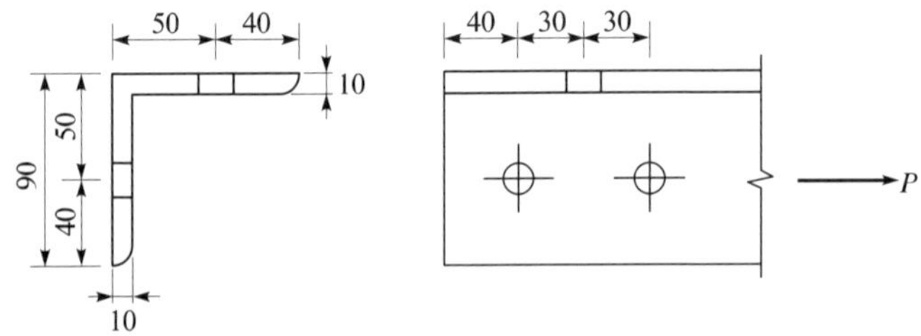

그림 4.5 예제 4.3(a)

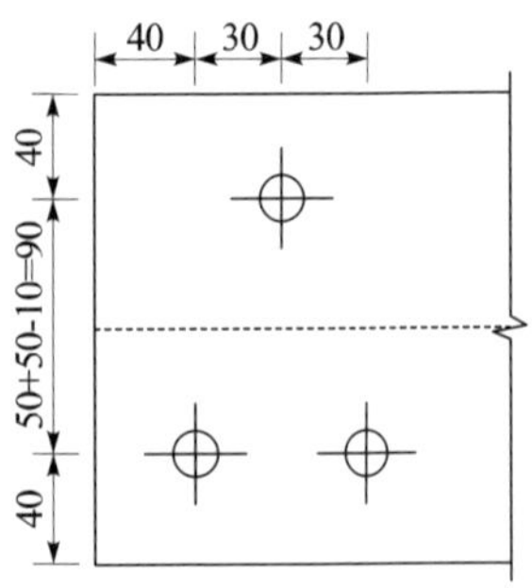

그림 4.6 예제 4.3(b)

풀이

볼트구멍 직경 $d=20+2=22\text{mm}$

$$A_g=1{,}700\text{mm}^2$$

$$g=g_a+\ g_b-\ t=50+50-10=90\text{mm}$$

(1) A-1-B인 경우

$$A_n=1{,}700-1\times22\times10=1{,}480\text{mm}^2$$

(2) C-2-1-B인 경우

$$A_n=1{,}700-2\times22\times10+\left(\frac{30^2}{4\times90}\right)\times10=1{,}285\text{mm}^2$$

(1)~(2) 중 가장 작은 값이 순단면적이다.

∴ 순단면적은 1,285mm^2

예제 4.4

다음 그림 4.7과 같은 인장재의 순단면적을 구하시오. 강판의 두께는 10mm이고, 사용 고장력볼트는 M24(F10T)이다.

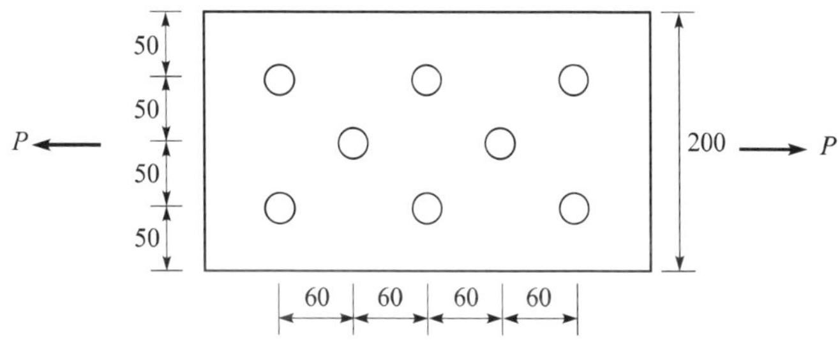

그림 4.7 예제 4.4

풀이

판 전체 폭 $h = 200\text{mm}$

판 두께 $t = 10\text{mm}$

판 총단면적 $A_g = h \times t = 200 \times 10 = 2{,}000\text{mm}^2$

볼트구멍 직경 $d = 24 + 3 = 27\text{mm}$

(1) A-1-2-B인 경우

$$A_n = (h - 2 \times d) \times t = (200 - 2 \times 27) \times 10 = 1{,}460\text{mm}^2$$

(2) A-1-3-C인 경우

$$A_n = \left(h - 2d + \frac{s^2}{4g_1}\right)t = \left(200 - 2 \times 27 + \frac{60^2}{4 \times 50}\right) \times 10 = 1{,}640\text{mm}^2$$

(3) A-1-3-2-B인 경우

$$A_n = \left(h - 3d + \frac{s_1^2}{4g_1} + \frac{s_2^2}{4g_2}\right)t$$

$$= \left(200 - 3 \times 27 + \frac{60^2}{4 \times 50} + \frac{60^2}{4 \times 50}\right) \times 10 = 1{,}550\text{mm}^2$$

(1)~(3) 중 가장 작은 값이 순단면적이다.

∴ 순단면적은 $1{,}460\text{mm}^2$

예제 4.5

다음 그림 4.8과 같은 인장재의 순단면적을 구하시오. 강판의 두께는 10mm이고, 사용 고장력볼트는 M24(F10T)이다.

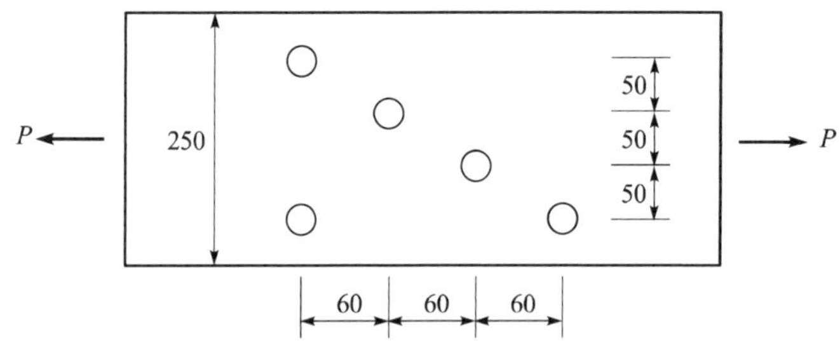

그림 4.8 예제 4.5

풀이

판 전체 폭 $h = 250\text{mm}$

판 두께 $t = 10\text{mm}$

판 총단면적 $A_g = h \times t = 250 \times 10 = 2{,}500\text{mm}^2$

볼트구멍 직경 $d = 24 + 3 = 27\text{mm}$

(1) A-1-2-B인 경우

$$A_n = (h - 2 \times d) \times t = (250 - 2 \times 27) \times 10 = 1{,}960\text{mm}^2$$

(2) A-1-3-C인 경우

$$A_n = \left(h - 2d + \frac{s^2}{4g_1}\right)t = \left(250 - 2 \times 27 + \frac{60^2}{4 \times 50}\right) \times 10 = 2{,}140\text{mm}^2$$

(3) A-1-3-2-B인 경우

$$A_n = \left(h - 3d + \frac{s_1^2}{4g_1} + \frac{s_2^2}{4g_2}\right)t$$

$$= \left(250 - 3 \times 27 + \frac{60^2}{4 \times 50} + \frac{60^2}{4 \times 100}\right) \times 10 = 1{,}960\text{mm}^2$$

(1)~(3) 중 가장 작은 값이 순단면적이다.

∴ 순단면적은 $1{,}960\text{mm}^2$

4.4 유효순단면적

접합부에서 어느 정도 떨어진 위치에서는 인장재 내의 응력은 단면에 걸쳐 균등하게 분포된다. 그러나 접합부 가까이에서는 접합의 형태에 따라 응력의 분포가 달라질 수 있다. 그림 4.7과 같이 인장재의 한 변만이 접합에 사용된 경우에는 접합의 중심이 인장재의 중심과 일치하지 않게 되어 편심에 의한 영향이 발생하게 된다. 이처럼 편심이 발생하는 접합부에서의 응력의 흐름을 살펴보면 인장력은 먼저 접합에 사용된 면을 통해 전단응력의 형태로 점차 전체 단면으로 전달되게 된다. 이 때 접합에 사용된 면은 전체가 인장력을 받게 되나 접합에 사용되지 않은 면에는 인장력이 불균등하게 생기게 되는데 이러한 현상을 전단지연(전단뒤짐, Shear Lag)이라 한다.

이러한 전단지연의 영향을 고려하기 위해 순단면적 대신에 다음과 같은 유효순단면적 A_e를 사용한다.

$$A_e = UA_n \tag{4.5}$$

여기서, U : 전단지연계수

A_n은 순단면적으로 용접접합의 경우 연결재 구멍에 의한 단면결손이 없으므로 순단면적의 값으로 총단면적을 사용한다. 전단지연 현상은 그림 4.9에서와 같이 인장부재의 중심축과 인장력의 축이 일치하지 않을 때 특히 많이 발생하며 두 축사이의 거리 $\bar{x}$가 커질수록 심해지며, 접합부의 길이 l이 길어질수록 전단지연의 영향이 줄어들게 된다(Munse와 Chesson, 1963).

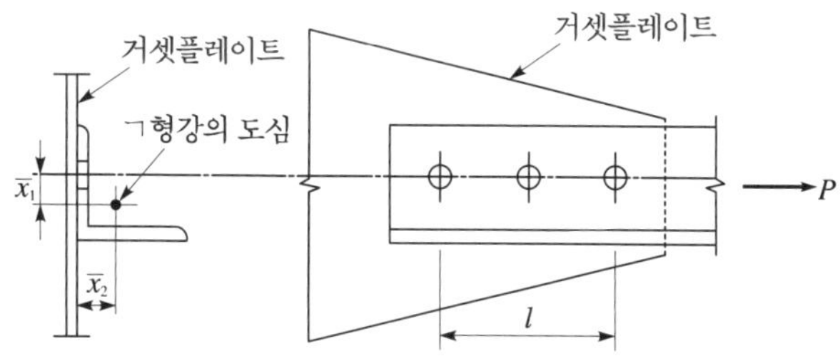

그림 4.9 유효순단면적

예제 4.6

그림 4.10과 같은 인장재 등변ㄱ형강 L–150×150×12($A_g = 3{,}477\text{mm}^2$)의 유효순단면적을 구하시오. 형강의 재질은 SM275이며 사용 고장력볼트는 M24(F10T)이다. 여기서, 전단지연계수 $U = 0.7$이다.

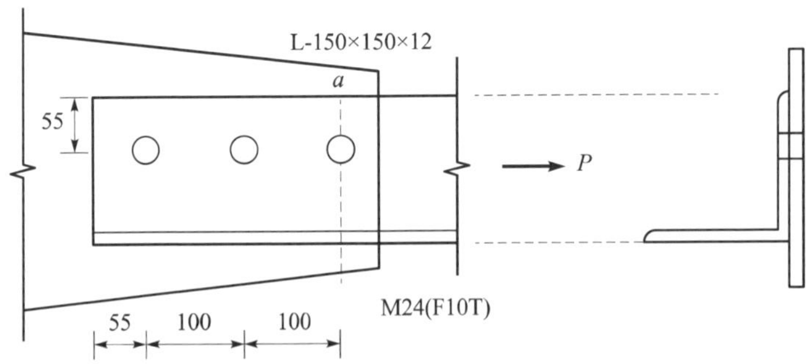

그림 4.10 예제 4.6

풀이

(1) 순단면적의 산정

볼트구멍 직경 $d = 24 + 3 = 27\text{mm}$

$A_n = A_g - ndt = 3{,}477 - 1 \times 27 \times 12 = 3{,}153\text{mm}^2$

(2) 유효 순단면적

$\therefore A_e = U \times A_n$

$= 0.7 \times 3{,}153\text{mm}^2 = 2{,}207\text{mm}^2$

4.5 블록전단파단

고장력볼트의 사용이 증가함에 따라 접합부의 설계는 보다 적은 개수의 그리고 보다 큰 직경의 볼트를 사용하는 경향으로 변하였다. 그러나 이러한 경향으로 인하여 접합부에서 블록전단파단(Block Shear Rupture)이라는 파괴양상이 일어날 수 있는 가능성이 커지게 되었다. 블록전단파단이란 그림 4.11에서와 같이 a–b 부분의 전단파단과 b-c 부분의 인장파단에 의해 접합부의 일부분이 찢어져나가는 파단형태이다(Ricles와 Yura, 1983, Hardash와 Bjorhovde, 1985).

전단파괴선을 따라 발생하는 전단파단과 직각으로 발생하는 인장파단의 블록전단파단 한계상태에 대한 설계강도는 다음과 같이 산정한 공칭강도(R_n)에 $\phi = 0.75$을 적용하여 구한다. 여기서, 전단파단 한계상태는 전단파단강도와 전단항복강도 중 작은 값을 사용하며 식 (4.6)과 같이 구한다.

$$R_n = [0.6\ F_u\ A_{nv} + U_{bs} F_u\ A_{nt}] \\ \leq [0.6\ F_y\ A_{gv} + U_{bs} F_u\ A_{nt}] \tag{4.6}$$

여기서, A_{gv} : 전단저항 총단면적(mm^2)

A_{nv} : 전단저항 순단면적(mm^2)

A_{nt} : 인장저항 순단면적(mm^2)

U_{bs} : 인장응력이 균일할 경우 1.0, 불균일할 경우 0.5 적용

예제 4.7

그림 4.11과 같은 인장재 등변ㄱ형강 L-90×90×10의 설계블록전단파단강도를 구하시오. 형강의 재질은 SM275($F_y = 275\text{N/mm}^2$, $F_u = 410\text{N/mm}^2$)이며 사용 고장력볼트는 M24(F10T)이다.

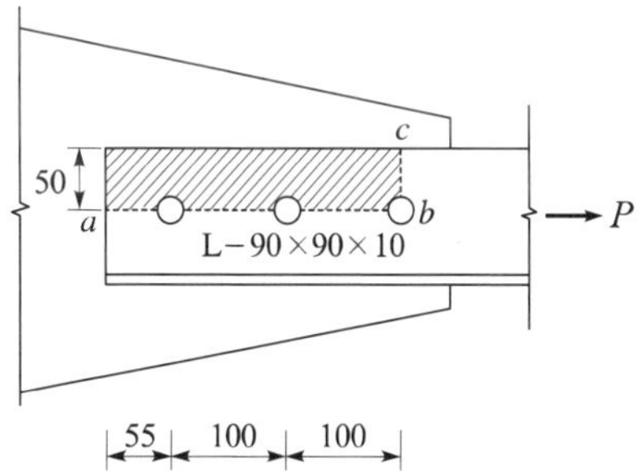

그림 4.11 예제 4.7

풀이

전단영역(파단선 a-b)

$A_{gv} = (55+100+100) \times 10 = 2{,}550\text{mm}^2$

$A_{nv} = \{55+100+100-(27 \times 2.5)\} \times 10 = 1{,}875\text{mm}^2$

전단파단강도

$0.6\ F_u\ A_{nv} = 0.6 \times 410 \times 1{,}875 = 461{,}250\text{N}$

전단항복강도

$0.6\ F_y\ A_{gv} = 0.6 \times 275 \times 2{,}550 = 420{,}750\text{N}$

인장영역(파단선 b-c)

$A_{nt} = (50-27 \times 0.5) \times 10 = 365\text{mm}^2$

인장응력이 균일하므로, $U_{bs} = 1.0$

$$0.6\ F_u\ A_{nv} + U_{bs} F_u\ A_{nt} = 0.6 \times 410 \times 1{,}875 + 1.0 \times 410 \times 365 = 610{,}900\text{N}$$

$$0.6\ F_y\ A_{gv} + U_{bs} F_u\ A_{nt} = 0.6 \times 275 \times 2{,}550 + 1.0 \times 410 \times 365 = 570{,}400\text{N}$$

식(4.6)에서

$R_n = [0.6\ F_u\ A_{nv} + U_{bs} F_u\ A_{nt}] > [0.6\ F_y\ A_{gv} + U_{bs} F_u\ A_{nt}]$이므로

전단항복이 지배,

∴ 설계블록전단파단강도는

$$\begin{aligned}\phi R_n &= 0.75[0.6 F_y\ A_{gv} + U_{bs} F_u\ A_{nt}] \\ &= 0.75\{(0.6 \times 275 \times 2{,}550) + (1.0 \times 410 \times 365)\} = 427{,}800\text{N} \\ &= 427.8\text{kN}\end{aligned}$$

4.6 인장재의 설계

인장재의 설계는 공칭하중에 하중계수를 곱한 후 이를 조합한 소요인장강도 P_u가 인장재의 공칭인장강도 P_n에 인장저항계수 ϕ_t를 곱한 설계인장강도 $\phi_t P_n$보다 작게 하는 것이며 식으로 나타내면 다음과 같이 된다.

$$P_u \le \phi_t P_n \tag{4.7}$$

인장재의 설계는 총단면의 항복과 유효순단면의 파단이라는 두 가지의 한계상태에 대해 검토한다. 한계상태설계에서 인장저항계수 ϕ_t는 연성을 갖는 총단면의 항복강도에 대해서는 0.9의 값을 적용하며, 급격한 파괴가 일어나는 유효순단면의 파단강도에 대해서는 0.75의 값을 적용한다.

인장재의 설계인장강도는 각각의 한계상태에 대한 강도 식(4.8)과 식(4.9)에 의한 $\phi_t P_n$과 식(4.6)에 의한 블록전단파단강도 중 작은 값으로 결정된다(Kulak 1987).

총단면의 항복 : $P_n = F_y A_g$ (4.8)

$$\phi_t = 0.90$$

유효순단면의 파단 : $P_n = F_u A_e$ (4.9)

$$\phi_t = 0.75$$

여기서, F_y : 항복강도(N/mm^2)

F_u : 인장강도(N/mm^2)

A_e : 유효순단면적(mm^2)

A_g : 총단면적(mm^2)

P_n : 공칭인장강도(N)

이상과 같이 인장재의 설계를 위해서는 인장재 접합부의 설계를 포함한 그림 4.12와 같이 5개 사항에 관하여 검토하여야 한다. 여기서, ④ 고장력볼트 및 용접접합부는 제7장의 내용을 참고하면 된다.

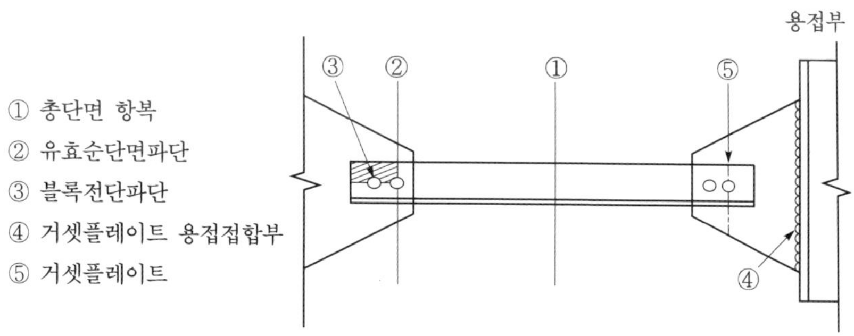

그림 4.12 인장재 접합부

예제 4.8

그림 4.13과 같은 H형강 H-200×200×8×12의 설계인장강도를 산정하시오. 형강의 재질은 SM275($F_y=275\text{N/mm}^2$, $F_u=410\text{N/mm}^2$)이며, H-200×200×8×12의 단면적은 $6{,}353\text{mm}^2$이다. 여기서, 전단지연계수 $U=0.9$이고 거셋플레이트 두께는 상당히 큰 것으로 한다. 그리고 블록 전단파괴에 대해서는 안전한 것으로 한다.

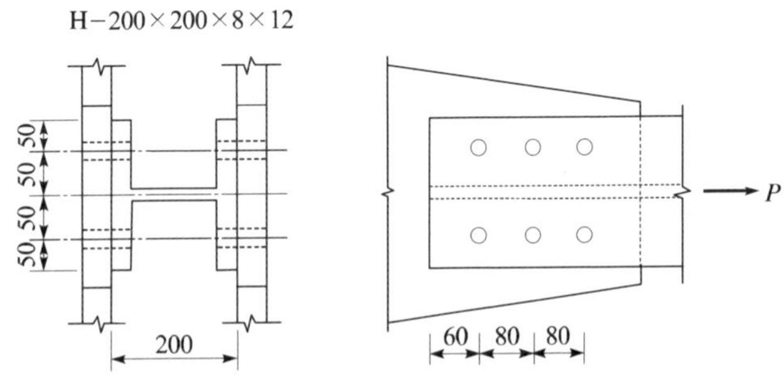

그림 4.13 예제 4.8

풀이

(1) 총단면 항복강도

$$\phi_t P_n = 0.9 \times F_y A_g$$
$$= 0.9 \times 275 \times 6{,}353 = 1{,}572{,}367.5\text{N} = 1{,}572.4\text{kN}$$

(2) 유효순단면적 파단강도

$$A_n = 6{,}353 - (4 \times 22 \times 12) = 5{,}297\text{mm}^2$$

$$A_e = UA_n = 0.9A_n = 0.9 \times 5{,}297 = 4{,}767.3\text{mm}^2$$

$$\phi_t P_n = 0.75 \times F_u A_e$$
$$= 0.75 \times 410 \times 4{,}767.3 = 1{,}465{,}944.8\text{N} = 1{,}465.9\text{kN}$$

(3) 설계인장강도

설계인장강도는 총 단면 항복 시와 유효순단면 파단 시 강도중에서 가장 작은 값이 된다. 이 경우에는 유효순단면의 파단강도 값으로 결정된다.

$$\therefore \phi P_n = [(1{,}572.4\text{kN}), (1{,}465.9\text{kN})]_{\min}$$
$$= 1{,}465.9\text{kN}$$

연습문제

1) 다음 인장재에 대한 설명 중 틀린 것은 어느 것인가?

① 전단지연 현상은 인장부재의 중심축과 인장력의 축과의 불일치로 발생한다.
② 인장재의 단면결손은 볼트접합 시에 볼트 구멍에 의해 발생하는 것으로 용접접합인 경우에는 단면의 결손은 없다.
③ 인장재의 유효순단면적이란 단면의 순단면적에 전단지연의 영향을 고려한 것이다.
④ 인장재의 블록전단파단은 전단지연 현상에 의해 발생한다.

[답] ④

2) 다음 인장재에 대한 설명 중 틀린 것은 어느 것인가?

① 하중저항계수설계법에서 인장재는 총단면에 대한 항복과 유효순단면에 대한 파단이라는 두 가지의 한계상태에 대해 검토해야 한다.
② 인장재에 있어 부재가 가늘고 긴 경우 좌굴이 일어나기 쉬우므로 단면의 보강 등의 조치가 필요하다.
③ 현수구조에 사용하는 케이블 등이 대표적인 인장재이다.
④ 인장재는 공칭하중에 하중계수를 곱한 소요인장강도가 공칭인장강도에 저항계수를 곱한 설계인장강도보다 작아야 안전하다.

[답] ②

3) 다음 그림과 같이 인장재에 고장력볼트가 불규칙(엇모)배치되어 있다. 인장재의 순단면적을 구하시오. 사용볼트는 M22(F10T)이고 판의 두께는 15mm이다.

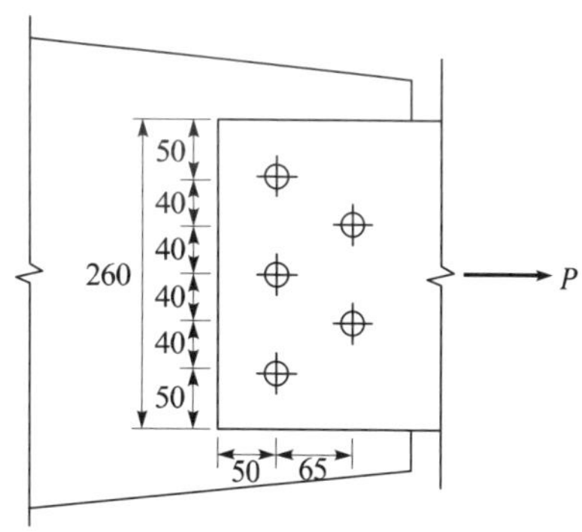

[답] 2,820mm^2

4) 연결재의 구멍이 엇갈리게 불규칙(엇모)배치되어 구멍이 동일선상에 있지 않을 때 단면결손 효과를 고려하는 식은 어느 것인가? 단, s는 인접한 구멍의 중심간격, g는 게이지 선사이의 중심간격, t는 부재 두께이다.

① $\frac{s^2}{4g}t$ ② $\frac{g^2}{4s}t$ ③ $\frac{s}{4g}t$ ④ $\frac{s}{4g^2}t$

[답] ①

5) 인장재의 접합의 중심이 인장재의 중심과 일치하지 않게 되는 경우 인장력이 불균등하게 생기게 되는데 이러한 현상을 무엇이라고 하는가?

① 전단파괴 ② 전단지연 ③ 인장불균형 ④ 인장파괴

[답] ②

참고문헌

4.1 국토교통부 건축구조기준 (2019). "건축물 강구조 설계기준 KDS 41 31 00 : 2019", 국가건설기준센터

4.2 한국강구조학회 (2014). "하중저항계수설계법에 의한 강구조설계기준", 구미서관

4.3 Geoffrey L. Kulak, John W. Fisher, and John H. A. Struik (1987). "Guide to Design Criteria for Bolted and Riveted Joints", 2nd ed., John Wiley & Sons.

4.4 James M. Ricles and Joseph A. Yura (1983). "Strength of Double-Row Bolted-Web Connections", Journal of Structural Engineering, ASCE, 109, pp 126-142.

4.5 Munse W. H. and E. Chesson (1963). "Riveted and Bolted Joints: Net Section Design", Journal of Structural Division, ASCE, 89, ST2, pp 107-126.

4.6 Segui, W.T. (2013). "Steel Design", 5th Edition, Thomson.

4.7 Steve G. Hardash and Reidar Bjorhovde (1985). "New Design Criteria for Gusset Plates in Tension", Engineering Journal, AISC, 22, 2nd Quarter, pp 77-94.

Steel Structures

제5장 압축재

5.1 개요

압축재는 압축력을 받는 구조부재로 대표적으로 트러스(Truss)의 현재 및 사재, 그리고 압축력을 받는 기둥이 이에 속한다. 압축재에 사용되는 강재의 단면형태로는 단일압축재로 H형강, ㄱ형강 등과 같은 개단면(Open Section)과 각형, 원형강관의 폐단면(Closed Section)이 있으며, 이와 같은 단일압축재 외에도 단일압축재를 조합시킨 조립압축재가 있다. 그림 5.1은 압축재의 단면형상을 나타내고 있다. 그림 5.2는 밴쿠버 공항에서 나뭇가지가 뻗어있는 나무 형태의 기둥으로 사용된 H형강 압축재를 보여주고 있다.

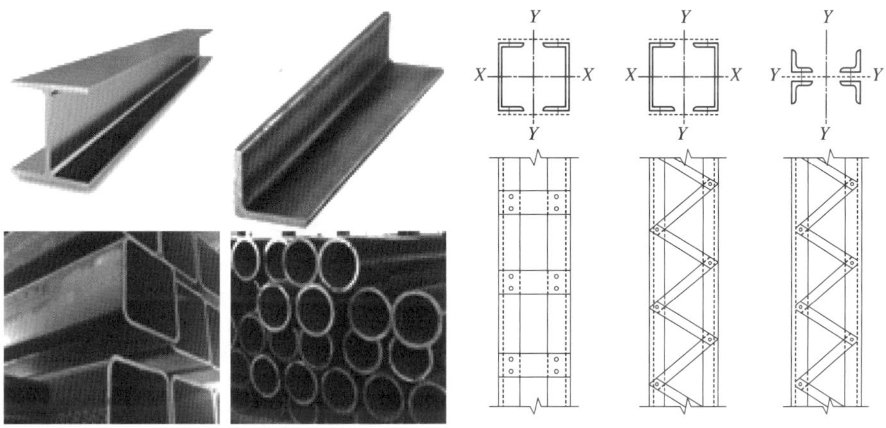

(a) 단일압축재 (b) 조립압축재

그림 5.1 압축재의 단면형상

그림 5.2 나무 형태의 기둥으로 사용된 H형강

강재의 단면은 구성되는 판요소의 폭두께비($\lambda = b/t$)에 따라서 표 5.1과 같이 콤팩트(Compact, 조밀)단면, 비콤팩트(Non-Compact, 비조밀)단면, 세장판(Slender)단면으로 구분하고 있다. 따라서, 강재의 폭두께비가 비콤팩트(Non-Compact) 단면의 한계폭두께비(λ_r)를 초과하지 않으면 국부좌굴이 발생하기 전에 압축부재에서 항복응력이 발생할 수 있으나, 압축재가 과도하게 길어지게 되면 압축재 전체가 불안정현상을 나타내는 부재의 전체좌굴이 발생하여 구조부재의 안전에 문제를 일으킬 수 있다. 이러한 부재 전체좌굴은 압축재의 길이가 동일하더라도 구조부재 양단의 지지조건(Boundary Condition)에 따라서 압축재의 저항능력이 달라지므로 압축재를 설계할 때 이러한 사항을 고려할 필요가 있다. 그림 5.3은 압축재(기둥)의 좌굴형상을 나타내고 있다.

표 5.1 강재단면의 분류

구분	정의
콤팩트(조밀) 단면	단면의 플랜지들은 웨브에 연속적으로 연결되고, 그 단면의 모든 압축요소의 폭두께비 λ가 λ_p를 초과하지 않는 단면 ($\lambda \le \lambda_p$)
비콤팩트(비조밀) 단면	한 개나 그 이상의 요소들의 폭두께비 λ가 λ_p를 초과하고 λ_r을 초과하지 않는 단면($\lambda_p < \lambda \le \lambda_r$)
세장판단면	폭두께비 λ가 λ_r을 초과하는 단면($\lambda > \lambda_r$)

주) λ_p : 콤팩트(조밀)단면의 한계폭두께비
　 λ_r : 비콤팩트(비조밀)단면의 한계폭두께비

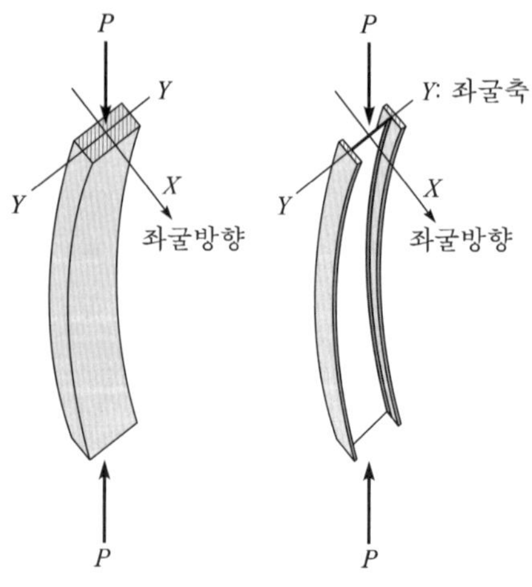

그림 5.3 압축재(기둥)의 좌굴형상

5.2 압축재의 좌굴

5.2.1 중심압축력을 받는 기둥

압축재는 부재의 단면에 균일한 압축응력만 작용하는 중심압축력을 받으면 단면형상에 따라서 휨좌굴, 비틀림좌굴, 휨-비틀림좌굴이 발생한다. 휨좌굴은 일반적으로 세장비(Slenderness Ratio)가 큰 구조부재의 약축 방향의 휨에 의하여 발생하게 된다. 비틀림좌굴은 매우 세장한 2축대칭단면의 압축재에 주로 발생한다. 이러한 비틀림좌굴은 열간압연 형강보다는 얇은 판재를 조립한 조립압축재에 발생할 가능성이 높다. 휨-비틀림좌굴은 도심과 전단중심이 일치하지 않는 비대칭단면의 압축재에 휨좌굴과 비틀림좌굴의 조합에 의하여 발생한다. 그림 5.4는 비틀림, 휨-비틀림 좌굴의 발생단면을 나타내고 있다.

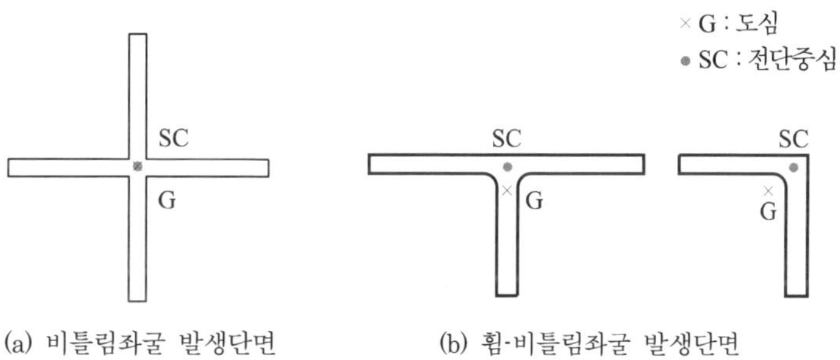

그림 5.4 비틀림, 휨-비틀림 좌굴의 발생단면

이때, 세장비라 함은 압축재의 길이와 단면형상에 관계되는 것으로, 단주와 장주 또는 중주와 같은 압축재를 객관적으로 구분하기 위하여 사용하는 것이 세장비(細長比)이다. 세장비 λ는 다음과 같이 정의한다.

$$\lambda = \frac{l}{r} \tag{5.1}$$

여기서 l 은 부재의 유효길이를, r 은 단면2차반경을 나타낸다.

식 (5.1)에서 세장비 λ 는 부재의 길이에 비례하고 단면2차반경에 반비례함을 알 수 있는데, 단면2차반경 r 은 주축에 따른 단면의 방향에 따라 각기 다른 값을 가질 수 있는데, 모든 방향에서 기둥의 유효길이 l 이 같은 경우 단면의 최소단면2차반경 $r_{\min}$ 을 사용하여 $l/r_{\min}$ 을 세장비 λ 라고 한다.

그림 5.5는 중심압축력을 받는 부재의 탄성좌굴을 나타내는데 그림 5.5(a)와 같이 양단 핀지지이고, 절점횡이동이 없으며, 곧은 상태의 세장한 부재가 중심압축력 P 를 받을 때, P 가 작은 경우에는 부재의 횡변위가 생기지 않고 길이방향으로 줄어들기만 하지만 한계하중에 도달하는 순간 기둥은 갑자기 횡방향으로 큰 변형을 일으키면서 불안정상태가 된다. 이 때 하중 P와 부재의 횡방향처짐량 δ와의 관계는 그림 5.5(b)와 같이 P 는 동일하지만 변형은 계속 증가하는 상태가 유지된다. 이러한 현상을 좌굴(Buckling)이라 하며, 이때 한계상태의 축하중 P_{cr} 을 탄성좌굴하중 또는 오일러 좌굴하중이라고 한다. 부재가 세장할수록 저항할 수 있는 축하중은 작아지고, 따라서 부재에 생기는 압축응력도가 탄성범위 내에서 좌굴이 발생하게 된다. 이와 같은 좌굴을 탄성좌굴(Elastic Buckling)이라 하며, 이때 저항하는 하중을 탄성좌굴하중(P_{cr})이라고 한다.

탄성좌굴하중은 스위스 태생의 수학자 오일러(Euler)가 1757년에 다음과 같은 중심압축력을 받는 부재의 좌굴미분방정식으로부터 구하였으며, 식(5.2)로부터 구한다.

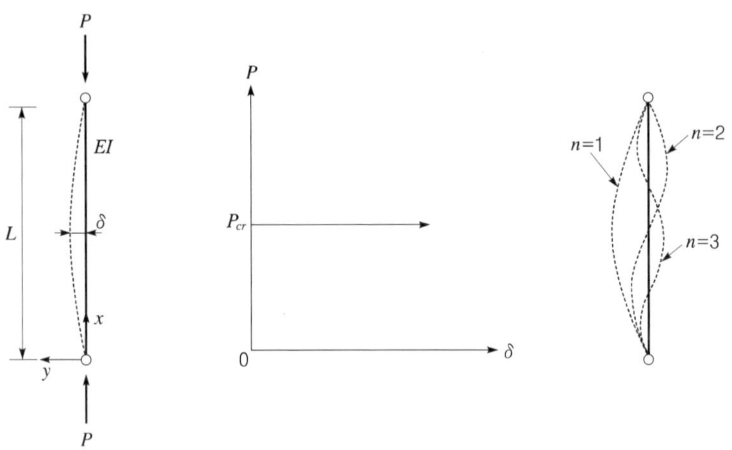

(a) 탄성좌굴 (b) 하중-횡변위 관계 (c) 좌굴모드

그림 5.5 중심압축력을 받는 부재의 탄성좌굴

$$P_{cr} = n^2 \frac{\pi^2 EI}{L^2} \quad (5.2)$$

이때 n은 정수로 그림 5.5(c)와 같이 좌굴의 변형상태(좌굴모드)에 관계한다. 그러나 실제로 중심압축재가 저항할 수 있는 최대내력은 $n=1$인 경우(즉, $n=1$일 때 식(5.3)이 최솟값을 가진다.)이며 이 때 좌굴하중은 다음과 같다.

$$P_{cr} = \frac{\pi^2 EI}{L^2} \quad (5.3)$$

식(5.3)의 P_{cr}은 부재의 유효좌굴길이가 $KL(K=1.0$, 양단 핀지지조건)인 경우의 탄성좌굴하중(그림 5.5(a))으로서 오일러 좌굴하중(Euler's Buckling Load)이라고 한다. 한편, 식(5.3)의 탄성좌굴하중 P_{cr}을 단면적으로 나눈 응력으로 표현한 값(탄성좌굴강도) F_{cr}은 식(5.4)와 같다.

$$F_{cr} = \frac{P_{cr}}{A} = \frac{\pi^2 E}{(KL/r)^2} \quad (5.4)$$

여기서, KL/r : 세장비
KL : 압축재의 유효좌굴길이(mm)
K : 유효좌굴길이계수
L : 부재길이(mm)
r : 압축재의 최소 단면 2차반경(mm)
A : 단면적(mm^2)

5.2.2 국부좌굴

압축재는 부재를 구성하는 판이 너무 얇아지면 앞서 살펴본 부재의 전체좌굴 이외에도 그림 5.6과 같은 판의 국부좌굴이 발생하여 부재의 압축내력을 급격히 저하시킬 수 있다. 그림 5.6(a)와 같이 H형강과 같은 개단면(Open Section)뿐만 아니라 원형 및 각형강관과 같은 폐단면(Closed Section)에서 판이 얇아지면 그림 5.6(b),(c)와 같은 국부좌굴이 발생한다. 또한 콘크리트충전강관(CFT, Concrete Filled steel Tube)의 경우는 내부에 충전된 콘크리트의 구속효과로 강재판의 국부좌굴이 발생하기 어렵지만 항복강도 이상의 과도한 가력을 발생시키면 그림 5.6(d),(e)와 같은 국부좌굴 현상이 발생된다.

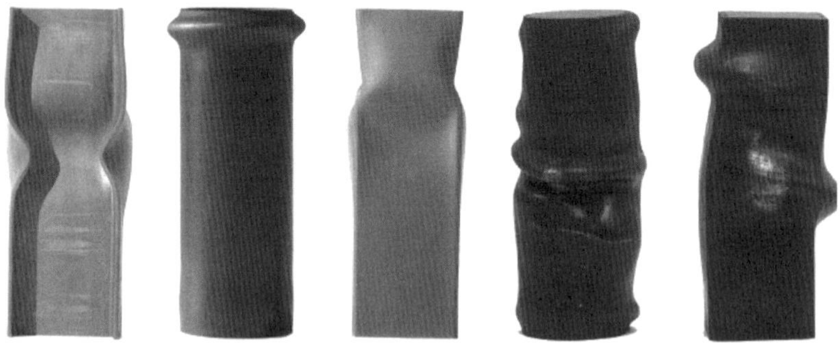

그림 5.6 국부좌굴 (a) H형강 (b) 원형강관 (c) 각형강관 (d) 원형CFT (e) 각형CFT

표 5.1에서 정의한 것과 같이 일반적으로 콤팩트(조밀)단면은 국부좌굴이 생기기 전에 전체 소성응력분포를 받을 수 있다. 비콤팩트(비조밀)단면은 국부좌굴이 발생하기 전에 부재에서 항복응력이 발생할 순 있으나, 소성국부좌굴에 저항하지는 못한다. 또한, 세장판 단면의 부재는 부재가 항복응력에 도달하기 전에 탄성적으로 국부좌굴이 발생한다.

예제 5.1

단면이 $b \times h = 20\,\mathrm{mm} \times 30\,\mathrm{mm}$ 이고, 유효길이가 $5.5\,\mathrm{m}$ 인 기둥의 세장비 λ 를 구하시오.

풀이

기둥의 세장비 $\lambda = l / r_{\min}$ 에서 l 은 기둥의 유효길이, $r_{\min}$ 은 단면의 최소2차반경이다.

최소2차반경 $r_{\min} = \sqrt{\dfrac{I_{\min}}{A}}$ 에서

$$I_{\min} = I_y = \frac{h\,b^3}{12} = \frac{30 \times 20^3}{12} = 20{,}000\,\mathrm{mm}^4\,,$$

$A = 20 \times 30 = 600\,\mathrm{mm}^2$ 이므로

$$r_{\min} = \sqrt{\frac{I_{\min}}{A}} = \sqrt{\frac{20000}{600}} = 5.77\,\mathrm{mm}$$

$$\therefore\ \lambda = \frac{l}{r_{\min}} = \frac{550}{5.77} = 95.26$$

5.3 유효좌굴길이와 세장비 제한

5.3.1 지지상태에 의한 유효좌굴길이

오일러 좌굴하중이라고 불리는 식(5.3)은 부재의 지지조건상태가 양단 핀지지와 절점의 횡이동이 없을 때 성립되는 것이다. 그런데 압축재의 지지조건은 양단 핀지지를 제외하더라도 1단 핀 타단 고정, 1단 자유 타단 고정, 그리고 양단 고정의 경우도 있다. 이러한 경우에도 앞서 양단 핀지지상태와 동일한 방법으로 이론적인 탄성좌굴하중을 산정할 수 있다. 지지조건에 따른 좌굴하중은 식(5.5~5.7)과 같다.

1단 핀, 타단 고정일 때 $$P_{cr} = \frac{\pi^2 EI}{(0.7L)^2} \quad (5.5)$$

1단 자유, 타단 고정일 때 $$P_{cr} = \frac{\pi^2 EI}{(2.0L)^2} \quad (5.6)$$

양단 고정일 때 $$P_{cr} = \frac{\pi^2 EI}{(0.5L)^2} \quad (5.7)$$

이 식들을 유효좌굴길이계수 K 를 사용하여 일반화해서 나타내면 압축재의 좌굴하중은 다음 식과 같다.

$$P_{cr} = \frac{\pi^2 EI}{(KL)^2} \quad (5.8)$$

식(5.3)은 $K = 1.0$인 경우(양단 핀지지조건)이며 지지상태가 다른 경우에는 K 값이 1.0이 아닌 식(5.5~ 5.7)과 같이 다른 값을 가지게 된다. 이 때 KL이 그 부재의 유효좌굴길이이고, K를 유효좌굴길이계수라고 한다. 표 5.2에 양단 지지상태에 따른 K값을 나타내고 있다.

표 5.2 유효좌굴길이계수(K)

재단조건 (점선은 좌굴모드)	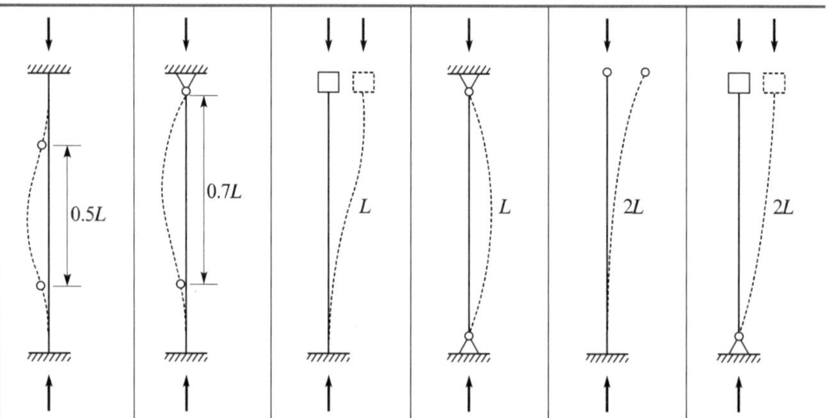					
K의 이론값	0.5	0.7	1.0	1.0	2.0	2.0
K의 권장설계값	0.65	0.8	1.2	1.0	2.1	2.0
기호 설명	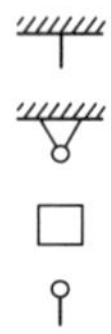	회전구속, 이동구속 회전자유, 이동구속 회전구속, 이동자유 회전자유, 이동자유				

예제 5.2

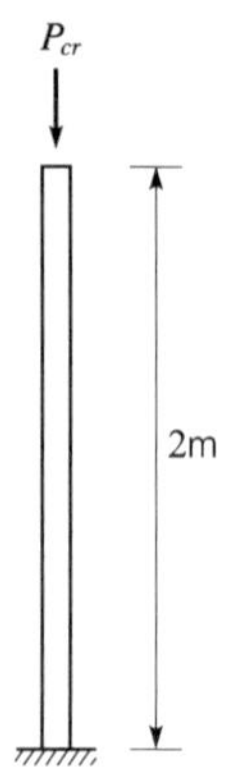

그림 5.7 예제 5.2

그림 5.7과 같은 1단 자유, 타단 고정지지조건에 길이 2m인 압축력을 받는 H형강의 탄성좌굴하중(P_{cr})을 구하시오. $I=4.72\times10^7\text{mm}^4$, $E=210{,}000\text{N/mm}^2$이다.

풀이

1단 자유, 타단 고정인 압축재의 유효좌굴길이계수 $K=2.0$이므로

$$P_{cr}=\frac{\pi^2EI}{(KL)^2}=\frac{\pi^2\times210{,}000\times4.72\times10^7}{(2.0\times2\times10^3)^2}$$

$$=6{,}114{,}220\text{N}=6{,}114\text{kN}$$

5.3.2 횡구속골조 (Braced, Non-Sway)와 비횡구속골조 (Unbraced, Sway)

건축물의 골조(Frame)에서 기둥에 연결되어 있는 구조부재(보통 큰 보)와 기둥과 그 하부의 기초(Footing)에서 모멘트구속의 상대적인 정도를 평가하는 것은 매우 어려운 일이다. 따라서, 양 끝단의 구속정도의 정확한 비교 및 확인과 관계없이, 가새골조(Braced Frame, 횡구속골조)와 비가새골조(Unbraced Frame, 비횡구속골조)의 개념을 이해해야 한다.

가새골조는 대각선 가새 및 전단벽 등 횡강성에 강한 구조부재를 설치하는 등의 비슷한 방법에 의해 측면의 안정성이 확보되는 것이다. 이때, 각 절점들은 횡(측면)방향으로 변위가 생기지 않는다고 가정할 수 있으며 각 기둥은 유효좌굴길이계수 K가 산정되면, 분리된 것처럼 설계할 수 있게 된다. 따라서, 가새(횡구속)골조에서 유효좌굴길이계수(K)는 항상 1보다 작다.

비가새(비횡구속)골조는 측면의 안정성이 강하게 접합된 기둥과 보의 휨강성에만 의존하도록 하는 것이다. 비가새골조에서는 절점이 횡방향으로 변위가 생길 수 있으며 이에 따른 횡이동에 의한 좌굴(Buckling)이 발생할 수 있다. 또한 기둥의 좌굴된 형상과 기둥의 유효좌굴길이는 휨에 대한 부재의 강성에 의존하게 된다. 유효좌굴길이 KL은 기둥의 좌굴된 모양을 양단핀으로 지지된 기둥의 좌굴된 모양과 비교함으로써 구할 수 있다. 이때, 비가새(비횡구속)골조에서는 실제적으로 K가 항상 1보다 크다(1.0~∞). 그러나 양단의 구속조건을 평가하는 것과 K값을 산정하는 간단한 방법은 없는게 실정이다.

많은 연구를 통해 AISC(2016)는 그림 5.8과 같은 유효좌굴길이산정 계산도표를 사용하고 있다.

유효좌굴길이계수 계산도표인 그림 5.8에서 상대강성계수 G_A, G_B는 그림 5.8의 A, B절점에 관한 것으로, 다음 식으로 산정된다.

$$G_{A,B} = \frac{\sum (I_c / L_c)}{\sum (I_g / L_g)} \tag{5.9}$$

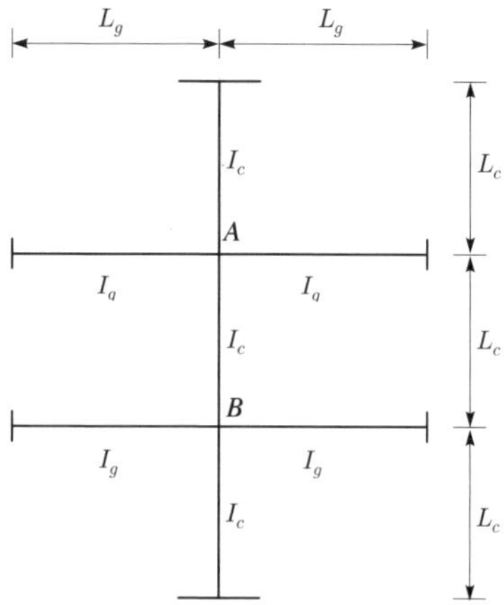

그림 5.8 G값을 위한 골조의 예

Σ는 압축재(기둥)의 좌굴이 평면 내에서 일어나며 절점이 강접합된 모든 부재의 총합을 가리킨다. I_c와 L_c는 기둥의 단면2차모멘트와 비지지길이, I_g와 L_g는 보 또는 기타 구속부재의 단면2차모멘트와 비지지길이, I_c와 I_g는 좌굴면에 직각인 축에 대한 값이다. 기둥이 비탄성거동을 한다면 비탄성 유효좌굴길이계수(K)값을 사용해야 한다. 이 계산도표를 이용한다면 다음의 값을 택해야 한다.

가) 기둥 지점이 기초나 지반에 의해 지지되고 있으나 완전히 강결되어 있지 않을 때, G값은 이론적으로 무한히 큰 값을 가진다. 그러나 실제적으로 마찰없는 활절로 설계된 경우를 제외하고는 실제 설계에서는 G값을 10.0으로 취할 수 있다.

나) 만약 기둥의 끝이 적절히 설계된 기초에 완전히 강결되었다면 G값을 1.0으로 취할 수 있으며, 해석에 의해 검증된다면 이보다 더 작은 값을 사용할 수 있다.

다) 그림 5.9를 이용하여 K를 구할 경우, 모든 절점들은 강접합되어 있다는 가정을 전제로 한다. 만약 거더의 원단(Far End)에서 가정과 다른 경계조건을 갖는다면 거더길이는 표 5.3과 같이 수정할 필요가 있다. 즉 상대 강성비인 G값 산정 시, 실제 거더길이 L_g대신에 수정 거더길이 L_g'을 적용한다.

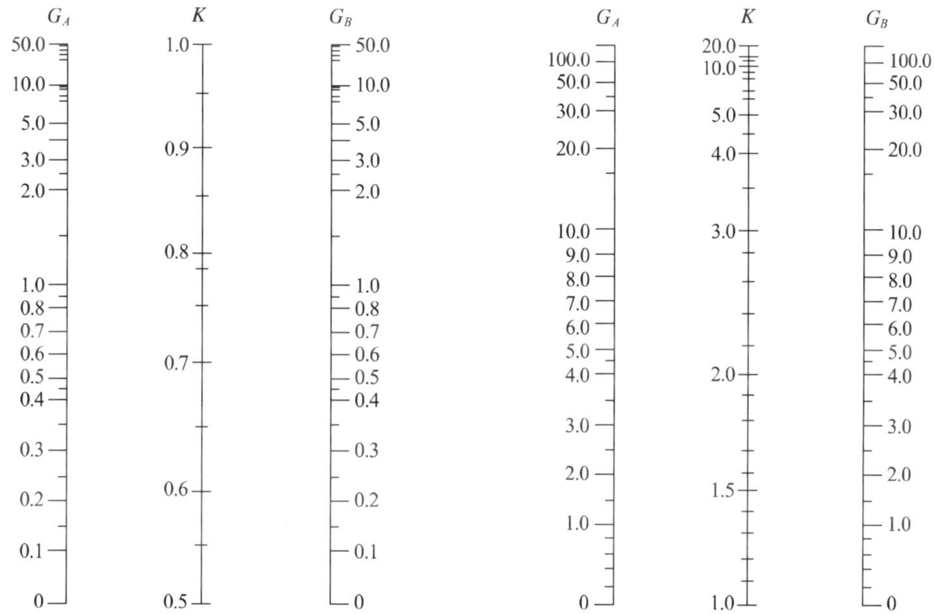

(a) 횡이동이 없을 때(가새골조)　　(b) 횡이동이 있을 때(비가새골조)

그림 5.9 유효좌굴길이계수 계산도표

표 5.3 거더의 수정길이 L_g'

원단의 경계조건	브레이싱이 설치된 뼈대구조 (횡구속골조)	브레이싱이 없는 뼈대구조 (비횡구속골조)
고정단	$0.5L_g$	$1.5L_g$
힌지단	$0.67L_g(L_g/1.5)$	$2.0L_g$

또한, 건축물 강구조 골조의 안정성 설계기준(KDS 14 31 15 : 2017)에서는 골조의 안정성(1.5.6절) 평가시 안정설계 요구조건으로 안정성은 구조물의 전체 및 각 요소에 대하여 만족하여야 한다고 규정하고 있다. 전체구조물과 압축부재를 포함한 각 구조부재의 안정성에 영향을 미치는 다양한 요소를 고려한 합리적인 안정설계법이 사용가능하며 그 외에 2차해석법 및 1차해석법 등 직접해석법의 요구조건을 만족해야 한다. 특히, 압축부재에서는 모든 부재의 유효좌굴길이계수 K는 1.0을 사용한다. 단, 합리적인 해석으로 1.0보다 작은 값을 사용할 수 있다.

예제 5.3

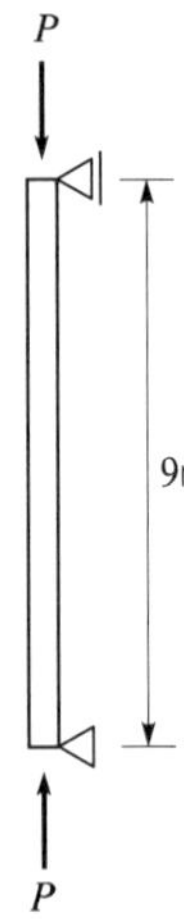

그림 5.10 예제 5.3

그림 5.10과 같은 단순지지상태의 길이 9m인 압연H형강 H−150×150×7×10(S N355)가 압축부재의 중앙지점에서 약축(y축)에 대한 휨변형이 구속(단순지지)되어 있다. 이 부재의 탄성좌굴강도(P_{cr})를 구하시오. $A = 40.14\times10^2\text{mm}^2$, $I_x = 1.64\times10^7\text{mm}^4$, $I_y = 5.64\times10^6\text{mm}^4$이다.

풀이

강축(x축)과 약축(y축)에 대한 좌굴하중을 산정하여 불리한(작은)쪽이 압축부재의 탄성좌굴하중이 된다.

(1) 유효좌굴길이 산정, 약축과 강축 유효좌굴길이 계수 K=1.0임.

약축(y축)에 대한 좌굴길이 $KL_y = 1.0\times 4.5\times 10^3\text{mm}$

강축(x축)에 대한 좌굴길이 $KL_x = 1.0\times 9\times 10^3\text{mm}$

(2) 좌굴하중 산정

$$P_{cr\ x} = \frac{\pi^2 EI_x}{(KL_x)^2} = \frac{\pi^2\times 210{,}000\times 1.64\times 10^7}{(1.0\times 9\times 10^3)^2} = 419{,}641\,\text{N} = 419\,\text{kN}$$

$$P_{cr\ y} = \frac{\pi^2 EI_y}{(KL_y)^2} = \frac{\pi^2\times 210{,}000\times 5.64\times 10^6}{(1.0\times 4.5\times 10^3)^2} = 577{,}262\,\text{N} = 577\,\text{kN}$$

∴ 두 좌굴하중 중에 작은 값인 $P_{cr\ x}$값이며 탄성좌굴하중,

$P_{cr} = 419\,\text{kN}$

(3) 탄성좌굴강도 F_{cr} 산정

$$F_{cr} = \frac{P_{cr}}{A} = \frac{419{,}641}{40.14\times 10^2} = 104.5\,\text{N/mm}^2$$

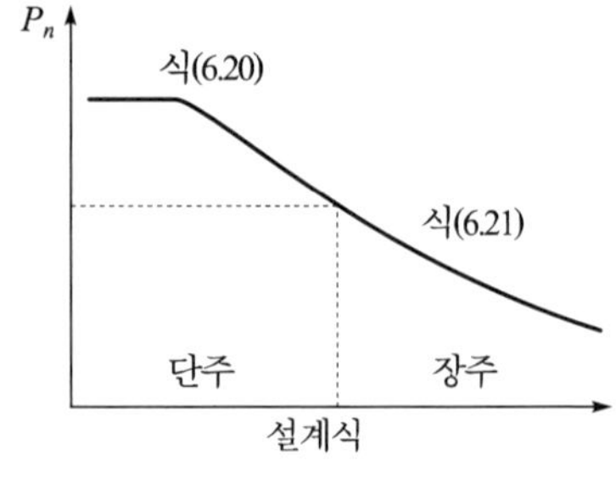

그림 5.11

연습문제

1) 압축재에 대한 설명으로 알맞지 않는 것을 고르시오.

① 대표적인 압축재는 트러스(Truss)의 현재 및 복재, 그리고 압축력을 받는 기둥이라고 할 수 있다.

② 압축재는 압축력을 받는 구조부재를 뜻한다.

③ 압축재가 과도하게 길어지게 되면 압축재 전체가 불안정현상을 나타내는 부재의 전체좌굴이 발생하여 구조부재의 안전에 문제를 일으킬 수 있다.

④ 압축재에 사용되는 강재의 단면형태로는 단일압축재만 사용할 수 있다.

[답] ④

2) 압축재의 좌굴에 대한 설명으로 알맞지 않는 것을 고르시오.

① 압축재는 부재의 단면에 균일한 압축응력만 작용하는 중심압축력을 받으면 단면형상에 따라서 휨좌굴, 비틀림좌굴, 휨-비틀림좌굴이 발생한다.

② 세장비는 부재의 길이에 반비례하고 단면2차반경에 비례한다.

③ 부재의 유효좌굴길이가 양단 핀지지조건인 경우의 탄성좌굴하중을 오일러 좌굴하중이라고 한다.

④ 압축재는 부재를 구성하는 판이 너무 얇아지면 부재의 전체좌굴 이외에도 판의 국부좌굴이 발생하여 부재의 압축내력을 급격히 저하시킬 수 있다.

[답] ②

3) 중심압축력을 받는 부재가 한계하중에 도달하면 갑자기 횡방향으로 큰 변형을 일으키면서 불안정한 상태가 되는데 이를 무엇이라고 하는가?

① 압축 ② 비틀림 ③ 좌굴 ④ 한계상태

[답] ③

4) 기둥의 양단 지지조건이 1단 자유 - 타단 고정 조건일 때 유효좌굴길이계수 K는 얼마인가?

① 0.5 ② 0.7 ③ 1.0 ④ 2.0

[답] ④

참고문헌

5.1 국토교통부 구조설계기준 (2017), "강구조 골조의 안정성 설계기준, KDS 14 31 15 : 2017)"

5.2 국토교통부 건축구조기준 (2022). "건축물 강구조 설계기준 KDS 41 30 10 : 2022", 국가건설기준센터

5.3 한국강구조학회 (1995). "강구조 편람" 제3권 강구조 건축물의 설계, pp 172-210, 구미서관

5.4 윤명호 저 (2003), "철골구조설계"

5.5 (주)하이구조 (2023). "마스터구조역학"

5.6 Geschwindner, L. F. 외 2인 (1994). "Load and Factor Steel Structures"

5.7 Shanley, F. R. (1947). "Inelastic Column Theory", Journal of Aeronautical Science, Vol. 14, May, pp 261-264.

5.8 ESDEP (2004) "The European Steel Design Education Programme lectures". Group 7, Vol. 8.

Steel Structures

제6장 휨재

6.1 개요

휨재는 주로 휨모멘트와 전단력에 저항하는 수평 구조부재를 말한다. 대표적인 부재는 큰보와 작은보가 있으며 충분한 하중 저항능력 이외에 처짐 및 진동도 일정 수준 이하로 관리되어 사용성이 확보될 수 있도록 설계되어야 한다.

대표적인 보 부재 단면형상은 H형 단면이 주로 사용되며, 강관형, I형, ㄷ형, ㄱ형 단면 등도 있다(그림 6.1).

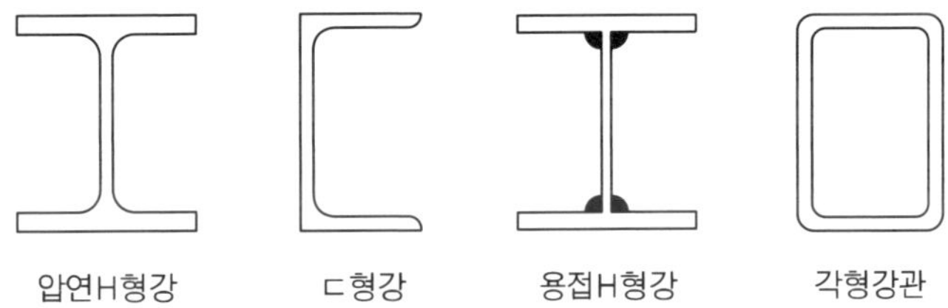

그림 6.1 보 종류와 단면형상

보 부재는 열간압연강재가 주로 이용되지만, 요구 조건에 따라 강판을 이용하여 제작한 조립보(Built-up Beam)가 사용되기도 한다. 일반적으로 조립보는 플랜지와 웨브를 용접한 용접조립H형강 형태가 가장 많이 사용된다.

그 이외에 커버플레이트 보, 허니콤(Honey Comb) 보, 플레이트 거더 및 트러스 보 등(그림 6.2)이 있다.

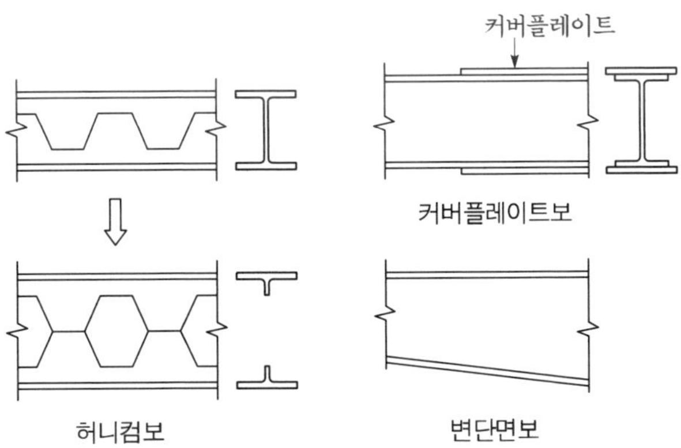

그림 6.2 기타 보 종류와 단면형상

보의 설계휨강도($\phi_b M_n$)는 식(6.1)과 같이 하중조합에 의해 발생하는 소요휨강도(M_u) 이상이 되어야 한다.

$$M_u \leq \phi_b M_n \tag{6.1}$$

여기서, ϕ_b : 휨강도 저항계수 (= 0.9)

또한 보의 설계전단강도($\phi_v V_n$)는 식(6.2)와 같이 하중조합에 의해 발생하는 소요전단강도(V_u) 이상이 되어야 한다.

$$V_u \leq \phi_v V_n \tag{6.2}$$

여기서, ϕ_v : 전단강도 저항계수(= 0.9)

다만, $h/t_w \leq 2.24\sqrt{E/F_y}$ 인 압연H형강의 웨브(=1.0)

6.2 휨재의 거동

등분포하중을 받는 직사각형 단면의 단순보에서 발생하는 휨모멘트와 전단력 분포는 그림 6.3과 같다. 직사각형 단면 보에서 휨모멘트가 증가함에 따라 휨변형 및 휨응력도 증가하게 된다.

보 단면의 최연단 휨응력이 강재의 항복강도(F_y)에 도달할 때 단면이 저항하는 휨강도를 항복모멘트(M_y)라 하고, 탄성이론에 의한 보의 항복모멘트는 식(6.3)과 같다.

$$M_y = F_y S \tag{6.3}$$

여기서, F_y : 강재의 항복강도(N/mm^2)

S : 보 단면의 탄성단면계수(mm^3)

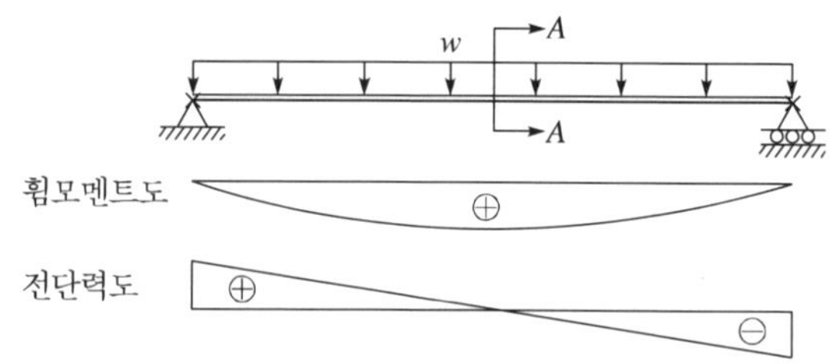

그림 6.3 단순보의 작용하중 및 부재력도

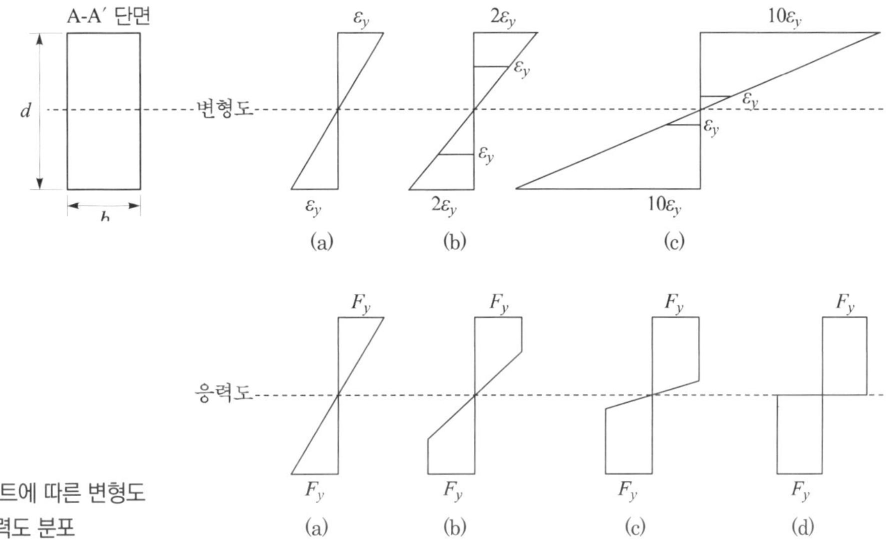

그림 6.4 휨모멘트에 따른 변형도 및 응력도 분포

강재 보에 항복모멘트를 초과하는 휨모멘트가 작용하면, 보 단면의 전 부분이 그림 6.4(d)와 같이 항복강도(F_y)에 도달하여 완전소성 상태가 된다. 이때의 휨강도를 소성모멘트(M_p)라고 하며, 소성모멘트는 식(6.4)와 같다.

$$M_p = F_y Z \tag{6.4}$$

여기서, Z : 보 단면의 소성단면계수

보 항복모멘트에 대한 소성모멘트 비인 $M_p / M_y \, (= Z / S)$를 형상계수라고 한다. 단면의 형상계수는 직사각형 단면인 경우 1.5이고, H형 단면의 경우 1.10~1.18이며 평균 1.12 정도이다.

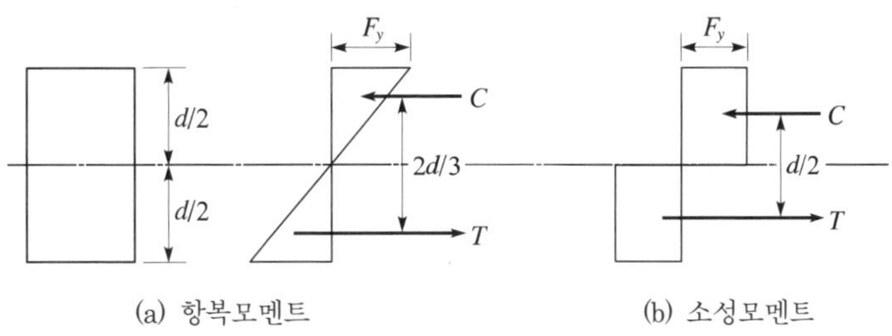

그림 6.5 항복모멘트와 소성모멘트

예제 6.1

압연H형강 H $-500\times200\times10\times16$인 휨재의 강축(x 축)에 대한 항복모멘트와 소성모멘트를 계산하고, 형상계수를 구하시오. 강재는 SM355 (항복강도 $F_y = 355\,\mathrm{N/mm^2}$)이다.

풀이

H형강의 강축(x 축)에 대한 탄성단면계수와 소성단면계수

$$S_x = 1{,}910\times10^3\mathrm{mm}^3\ ,\quad Z_x = 2{,}180\times10^3\mathrm{mm}^3$$

1) 강축(x축)에 대한 항복모멘트와 소성모멘트

$$M_y = F_y\,S_x = 355\times1{,}910\times10^3\times10^{-6} = 678.1\ \mathrm{kN\cdot m}$$

$$M_p = F_y\,Z_x = 355\times2{,}180\times10^3\times10^{-6} = 773.9\ \mathrm{kN\cdot m}$$

2) 형상계수($M_p\,/\,M_y$)

$$\frac{M_p}{M_y} = \frac{F_y\,Z_x}{F_y\,S_x} = \frac{773.9}{678.1} = 1.14$$

6.3 휨재의 좌굴

6.3.1 휨재의 횡비틀림좌굴거동

H형강보가 강축 휨을 받을 경우, 횡방향으로 지지가 충분하지 않고 외력이 특정 한계값 이상이 되면, 면외방향의 약축 휨과 더불어 단면에 비틀림이 발생하여 휨내력이 크게 저하될 수 있다.

횡-비틀림좌굴을 방지하기 위해서는 압축플랜지를 직교보나 슬래브 등에 의해 횡방향으로 적절히 지지해야 한다. 횡방향 지지점 사이의 길이를 보의 비지지길이(L_b)라고 한다.

그림 6.6은 전 길이에 걸쳐 균일한 휨모멘트를 받는 보의 횡비틀림좌굴강도와 비지지길이의 상관관계이며, 크게 세 가지로 구분한다.

(1) **소성좌굴** : 비지지길이가 짧아 소성모멘트에 도달한 후 좌굴이 일어나는 구간, (c), (d)

(2) **비탄성좌굴** : 보의 일부분이 항복한 후에 불안정성이 나타나는

비탄성횡비틀림좌굴구간이 지배하는 구간, (b)

(3) **탄성좌굴** : 비지지길이가 길어 탄성횡비틀림좌굴이 지배하는 구간, (a)

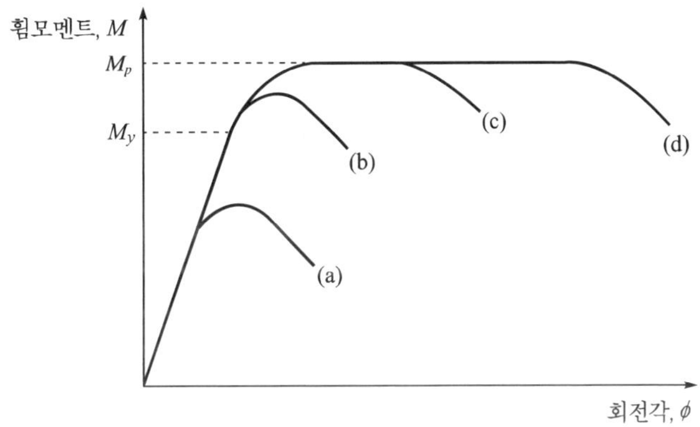

그림 6.6 보의 비지지길이에 따른 거동특성

6.3.2 휨재의 국부좌굴

횡-비틀림 좌굴 이외에 보의 강도를 조기에 저하시키는 또 다른 요인은 국부좌굴(Local Buckling)이 있다. 플랜지와 웨브의 국부좌굴은 폭두께비가 큰 경우 발생하기 쉽다.

플랜지와 웨브의 폭두께비 산정은 식 6.5, 6.6과 같으며, 각 기호는 그림 6.7과 같다. 표 6.1은 압축판요소의 폭두께비 제한값 예이다.

$$\lambda = \frac{b}{t_f} = \frac{b_f}{2t_f} \quad (6.5)$$

$$\lambda = \frac{h}{t_w} \quad (6.6)$$

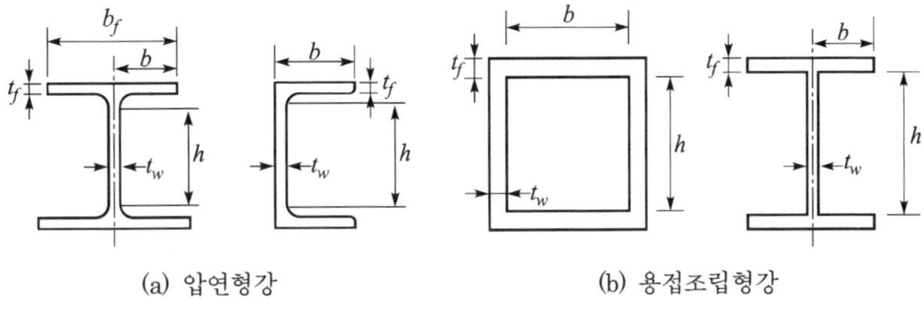

그림 6.7 폭두께비 산정을 위한 단면 치수의 정의

그림 6.8과 같이 보 단면 형태는 판요소의 폭두께비에 따라 조밀단면, 비조밀단면, 세장판단면으로 구분한다.

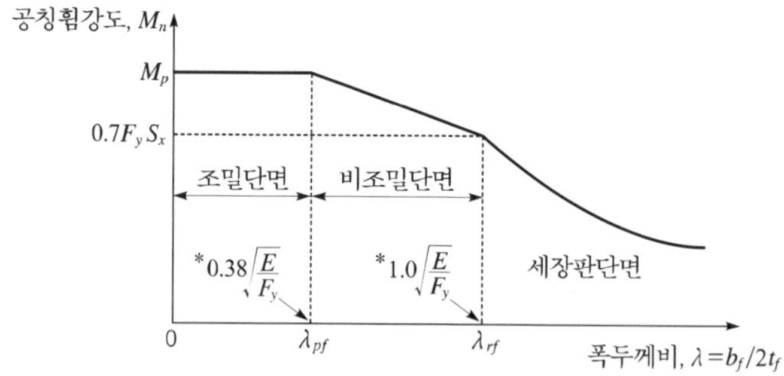

그림 6.8 압연H형강 플랜지의 폭두께비와 공칭휨강도 (웨브가 조밀단면인 경우)

표 6.1 압축판 요소의 폭두께비 제한

	판요소에 대한 설명	폭두께비	폭두께비 제한 값 λ_p (조밀/비조밀)	폭두께비 제한 값 λ_r (비조밀/세장)	예
비구속판요소	① 압연 H형강의 플랜지	b/t	$0.38\sqrt{\frac{E}{F_y}}$	$1.0\sqrt{\frac{E}{F_y}}$	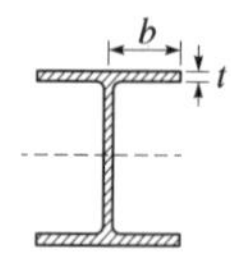
	② 2축 대칭 용접 H형강의 플랜지	b/t	$0.38\sqrt{\frac{E}{F_y}}$	$0.95\sqrt{\frac{k_cE}{F_L}}$ 1),2)	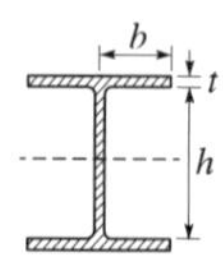
구속판요소	① 2축 대칭 H형강의 웨브	h/t_w	$3.76\sqrt{\frac{E}{F_y}}$	$5.70\sqrt{\frac{E}{F_y}}$	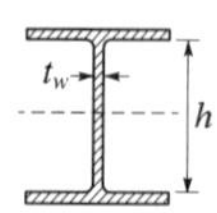
	② 균일 압축을 받는 2축 대칭 H형강의 웨브	h/t_w	–	$1.49\sqrt{\frac{E}{F_y}}$	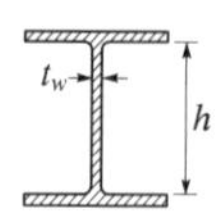

주 1) $k_c = \frac{4}{\sqrt{h/t_w}}$, 여기서 $0.35 \le k_c \le 0.76$

2) $F_L = 0.7F_y$: 약축 휨을 받는 경우, 웨브가 세장판 단면인 용접 H형강이 강축 휨을 받는 경우 등

예제 6.2

압연H형강 H $-500\times200\times10\times16$(SM275)보에 대해 국부좌굴에 의한 단면의 구분을 구하시오.

풀이

폭두께비 검토 시, SM275 강종의 항복강도는 $F_y=275\,\text{N/mm}^2$를 사용한다. H형강의 필릿부 반경 $r=20\,\text{mm}$이다.

1) 플랜지의 폭두께비 검토

$$\lambda=\frac{b}{t_f}=\frac{200/2}{16}=6.25$$

$$\lambda_{pf}=0.38\sqrt{\frac{E}{F_y}}=0.38\sqrt{\frac{210{,}000}{275}}=10.50$$

$\lambda<\lambda_{pf}$,   ∴콤팩트(조밀)단면

2) 웨브의 폭두께비 검토

$$\lambda=\frac{h}{t_w}=\frac{500-2\times(16+20)}{10}=42.8$$

$$\lambda_{pw}=3.76\sqrt{\frac{E}{F_y}}=3.76\sqrt{\frac{210{,}000}{275}}=103.9$$

$\lambda<\lambda_{pw}$,   ∴콤팩트(조밀)단면

→ 플랜지, 웨브 모두 조밀단면

6.4 휨재의 공칭휨강도

6.4.1 일반사항

휨재의 공칭휨강도는 부재의 소성모멘트, 횡-비틀림좌굴하중, 국부좌굴하중 중 작은 값으로 결정된다.

그림 6.9는 보의 비지지길이(L_b)에 따른 공칭휨강도(M_n)의 변화이다. 휨재의 공칭휨강도는 소성모멘트(M_p)에 도달하는 소성설계구간, 비탄성 횡비틀림좌굴구간 및 탄성 횡비틀림좌굴구간에 따라 공칭휨강도가 결정된다.

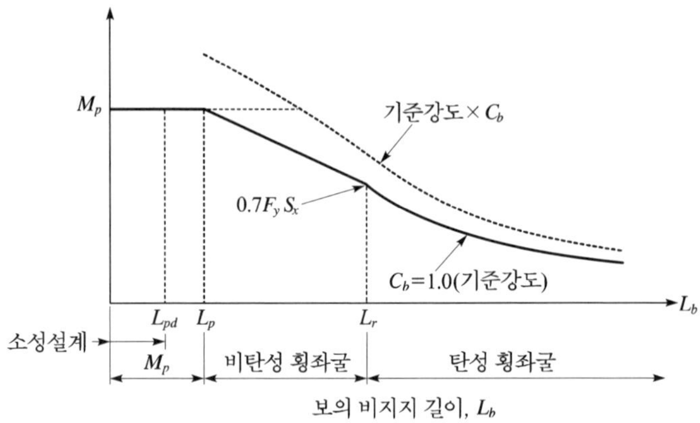

그림 6.9 보의 비지지길이와 공칭휨강도

그림 6.10은 횡좌굴모멘트 수정계수(C_b)의 변화에 따른 조밀단면 보의 공칭휨강도를 예로 설명한 것이다. 횡좌굴모멘트 수정계수가 커짐에 따라 소성한계 비지지길이(L_p)가 증가한다.

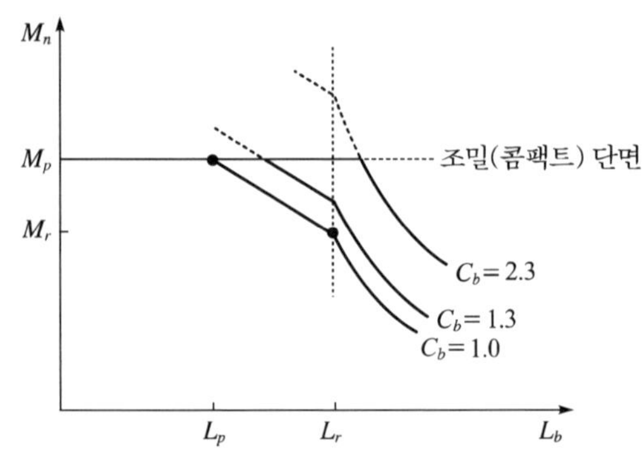

그림 6.10 C_b값과 공칭휨강도

6.4.2 횡비틀림좌굴강도

그림 6.11은 휨을 받는 2축대칭 H형강 또는 ㄷ형강 조밀단면 부재의 횡비틀림좌굴강도(M_n)와 보 비지지길이(L_b)에 따른 횡비틀림좌굴강도이다. 보의 비지지길이로부터, 횡좌굴영역을 세 가지(Zone 1, Zone 2, Zone 3)로 구분하여 횡비틀림좌굴강도를 구한다.

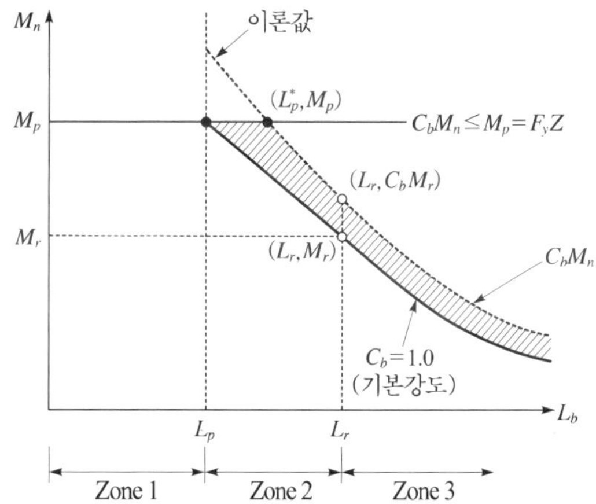

그림 6.11 횡좌굴영역별 횡좌굴강도

1) $L_b \leq L_p$ 인 경우 (Zone 1)

보 압축플랜지가 횡방향으로 지지되어 보가 소성모멘트(M_p)를 발휘할 수 있는 경우이다. 이 구간에서는 횡비틀림좌굴이 발생하지 않거나 소성모멘트 도달 이후 충분한 변형능력이 발휘되며 횡비틀림좌굴이 거의 발생하지 않는다.

2) $L_p < L_b \leq L_r$ 인 경우 (Zone 2)

보 압축플랜지의 횡비틀림지지 간격이 L_p보다 커서 비탄성거동에 의한 횡비틀림좌굴이 발생하는 경우이며, 보의 비지지길이에 따라 반비례적으로 횡좌굴강도가 감소한다.

3) $L_b > L_r$인 경우 (Zone 3)

보 압축플랜지의 횡지지 간격이 매우 커서 단면의 어느 부분도 항복하지 않고 조기에 횡비틀림좌굴이 발생하는 경우이다.

6.4.3 국부좌굴강도

열간압연H형강의 경우 2축대칭 H형강 웨브가 조밀단면이라 할지라도, 여러 조건에 따라 강축에 대해서 플랜지가 비조밀단면 혹은 세장판단면이 될 수 있다.

이러한 경우 웨브가 조밀단면이고 플랜지가 비조밀 또는 세장판단면일때 횡비틀림좌굴강도와 단면의 국부좌굴을 검토하여 공칭휨강도를 결정하게 된다. 웨브가 조밀단면이면, 플랜지의 조건에 따라 설계법은 다음과 같다.

1) 플랜지가 콤팩트(조밀)단면의 경우

횡좌굴강도는 앞 절에서 설명한 2축대칭 H형강 또는 ㄷ형강 조밀단면의 설계법을 따른다.

2) 플랜지가 비콤팩트(비조밀)단면의 경우

플랜지의 폭두께비가 표 6.1의 조밀단면의 한계폭두께비(λ_{pf}) 보다 크고 비조밀단면의 한계폭두께비(λ_{rf}) 보다 작은 경우이며, 판요소는 비탄성 국부좌굴을 일으키게 된다.

3) 플랜지가 세장판단면의 경우

플랜지의 폭두께비가 표 6.1의 비조밀단면의 한계폭두께비(λ_{rf}) 보다 큰 경우이며, 판요소는 탄성 국부좌굴을 일으키게 된다.

6.5 휨재의 설계전단강도

강축으로 하중을 받는 H형강 단면 휨재의 전단력은 주로 웨브가 저항하므로, 보의 전단강도는 웨브의 항복과 좌굴에 해당하는 한계상태에 의하여 결정된다.

그림 6.12와 같이 웨브의 폭두께비(h/t_w)에 따른 한계상태는 세 영역(웨브의 전단항복, 웨브의 비탄성좌굴, 웨브의 탄성좌굴)으로 구분하여 설계전단강도를 계산한다.

$$\phi_v V_n = \phi_v (0.6F_y) A_w C_v \tag{6.7}$$

여기서, ϕ_v : 전단강도 저항계수
A_w : 웨브의 단면적
C_v : 전단좌굴감소계수

압연 H형강 웨브의 C_v 및 ϕ_u 값은 폭두께비에 따라 구분하며, $h/t_w \le 2.24\sqrt{E/F_y}$ 의 경우 $\phi_u = 1.0$, $C_u = 1.0$이다.

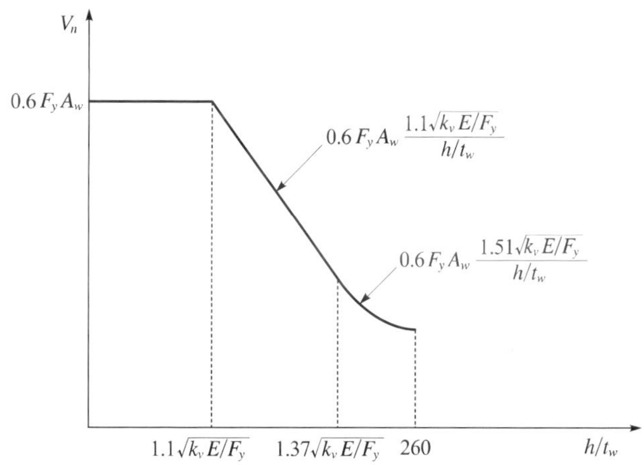

그림 6.12 폭두께비와 공칭전단강도

예제 6.3

압연H형강보 $H-600\times200\times11\times17(r=22\,\text{mm})$의 공칭전단강도를 구하시오. 강재는 SM355이다($F_y=345\,\text{N/mm}^2$로 한다).

풀이

폭두께비 검토

$$\frac{h}{t_w}=\frac{600-2\times(17+22)}{11}=47.45$$

$$2.24\sqrt{E/F_y}=2.24\sqrt{210{,}000/345}=55.26$$

$$\frac{h}{t_w}=47.45<2.24\sqrt{E/F_y}=55.26\text{이므로, } C_v=1.0$$

$$\therefore\ V_n=0.6F_yA_wC_v=0.6\times345\times600\times11\times1.0\times10^{-3}=1{,}366.2\text{kN}$$

6.6 휨재의 사용성설계

하중저항계수설계법은 강도한계상태와 사용한계상태를 만족해야 한다. 사용한계상태설계는 건물의 기능, 외관, 유지관리, 내구성 및 사용자의 편리성 등을 일정한 기준이상으로 확보하는 데 있다.

보의 경우 중요한 사용한계상태는 처짐과 진동이다. 처짐이 큰 경우 사용자에게 불안감을 줄 수 있으며 진동이 발생할 수 있다. 또한 사용하중에 의한 과도한 처짐으로 보에 부착된 비구조재 등의 손상을 유발하여 건물의 사용성이 저하된다.

표 6.2는 보의 종류와 하중형태에 따른 최대휨모멘트와 최대처짐 계산식을 나타낸 것이다.

보의 처짐 한계를 규정하는 것은 매우 곤란하나 일반적으로 최대 활하중에 대해, $\delta \le L/360$을 충족해야 한다. 여기서 δ는 처짐량이고 L은 보 스팬이다.

표 6.2 보의 최대모멘트와 최대 처짐

하중형태	반력	최대휨모멘트	최대처짐
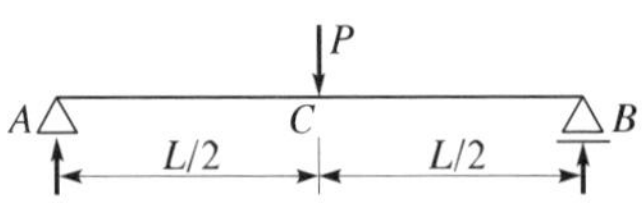	$R_A = R_B = \frac{P}{2}$	$M_{max} = \frac{PL}{4}$	$\delta_{max} = \frac{PL^3}{48EI}$
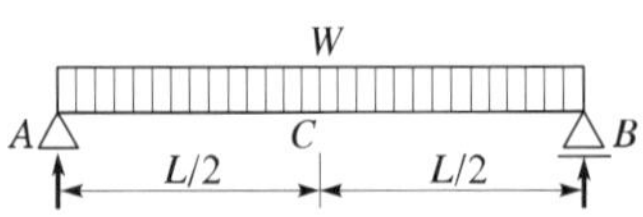	$R_A = R_B = \frac{wL}{2}$	$M_{max} = \frac{wL^2}{8}$	$\delta_{max} = \frac{5wL^4}{384EI}$
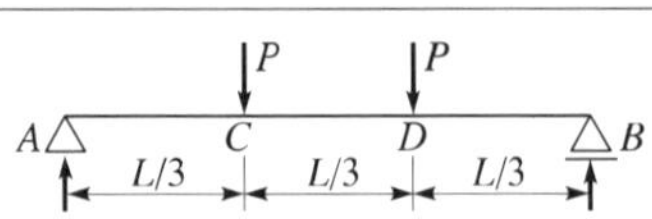	$R_A = R_B = P$	$M_{max} = \frac{PL}{3}$	$\delta_{max} = \frac{23PL^3}{648EI}$
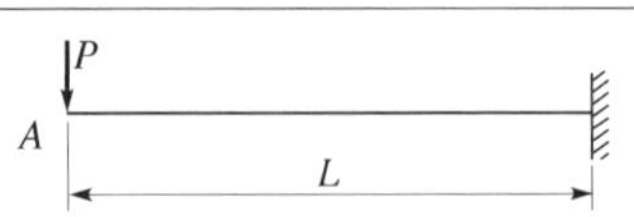	$R_B = P$	$M_{max} = PL$	$\delta_{max} = \frac{PL^3}{3EI}$
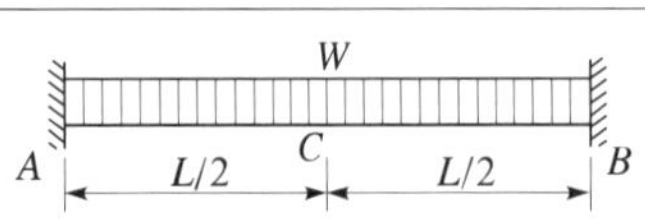	$R_A = R_B = \frac{wL}{2}$	$M_{max} = \frac{wL^2}{12}$	$\delta_{max} = \frac{wL^4}{384EI}$

연습문제

1) 휨재의 특성으로 틀린 것은?

① 휨재는 주로 휨모멘트와 전단력에 저항하는 수직 구조부재이다.

② 대표적인 부재는 큰보와 작은보가 있다.

③ 처짐 및 진동도 일정 수준 이하로 관리되어 사용성이 확보되어야 한다.

④ 단면형상은 H형 단면이 주로 사용되며, 강관형, I형, ㄷ형, ㄱ형 단면 등도 사용된다.

[답] ①

2) 보 단면의 형태를 판요소의 폭두께비에 따라 구분하는데 해당하지 않는 것은?

① 콤팩트(조밀)단면 ② 비콤팩트(비조밀)단면

③ 세장판단면 ④ 비세장판단면

[답] ④

3) 휨재인 보는 비지지길이(L_b)에 따라 공칭휨강도(M_n)를 구분하는데 해당하지 않는 것은?

① 소성설계구간 ② 비탄성 횡비틀림좌굴구간

③ 탄성 횡비틀림좌굴구간 ④ 감쇠구간

[답] ④

4) 휨재의 사용성설계에 대한 내용 중 틀린 것은?

① 휨재는 강도한계상태와 사용한계상태를 모두 만족해야 한다.

② 사용한계상태는 처짐과 진동이 평가기준이다.

③ 과도한 처짐으로 보에 부착된 비구조재의 손상을 유발하지 않도록 해야 한다.

④ 보의 처짐한계는 최대 활하중에 대해 $\delta \le L/500$로 규정한다(δ:처짐량, L:보길이).

[답] ④

5) 압연H형강보 $H-600\times200\times11\times17$(SM355)의 강축에 대한 항복모멘트와 소성모멘트를 구하시오($F_y = 345$ MPa 적용/$S_x = 2.59\times10^6\,\mathrm{mm}^3$/$Z_x = 345\times2.98\times10^6\,\mathrm{mm}^3$).

① 항복모멘트 : $M_y = F_y S_x = 345\times2.59\times10^6/10^6 = 893.6\,\mathrm{kN\cdot m}$

② 소성모멘트 : $M_p = F_y Z_x = 345\times2.98\times10^6/10^6 = 1{,}028.1\,\mathrm{kN\cdot m}$

참고문헌

6.1 국가건설기준센터, "KDS 41 30 10(2022), 건축물 강구조 설계기준"

6.2 국가건설기준센터, "KDS 14 31 10(2017), 강구조 부재 설계기준(하중저항계수 설계법)"

6.3 한국강구조학회, "KDS 41 31 00 : 2019에 따른 강구조설계(2021)", 구미서관

6.4 Edwin H. Gaylord, Jr. and Charles N. Gaylord, James E. Stallmeyer (1992). "Design of Steel Structure", Third ed., McGraw-Hill.

6.5 J. A. Yura, T.V. Galambos and M.K. Ravindra (1978). "The Bending Resistance of Steel Beams", Journal of the Structural Division, ASCE, vol.104, ST9, pp 1355-1370.

6.6 Horne M R. and Morris L. J. (1982). "Plastic Design of Low-Rise Frames", MIT Press Cambridge, Massachusetts.

6.7 Louis F. Geschwiner, Robert O. Disque, Reider Bjorhovde (1994). "Load and Resistance Facter Design of Steel Structure", Prentice-Hall.

6.8 Patrick J Dowling and John E. Harding, Reider Bjorhovde (1992). "Constructional Steel Design: International Guide", Elsevier Science Publishers Ltd.

6.9 Sriramulu Vinnakota (2006). Steel Structures: Behavior and LRFD, McGraw-Hill International Edition.

6.10 T.V. Galambos, and B. Ellingwood (1986). "Serviceability Limit States: Deflection", Journal of Structural Engineering, ASCE, vol. 112, no.1, January, pp 67-84.

6.11 American Institute of Steel Construction(AISC) (2016) "Manual of Steel Construction-Load and Resistance Factor Design", AISC, Chicago, IL, USA.

6.12 American Institute of Steel Construction (AISC) (2016), "Steel Design Guide 11 : Vibration of Steel-Framed Structural Systems due to Human Activity", AISC, Chicago, IL, USA.

6.13 T. M. Murray, D. E. Allen, E. E. Ungar, and D. B. Davis (2016). "Steel Design Guide 11: Vibrations of Steel-Framed Structural Systems Due to Human Activity", Second ed., AISC.

Steel Structures

제7장 접합

7.1 개요

강구조는 제강공장에서 만든 형강재(H형강, 채널 등)와 강판으로 철골공장에서 절단, 가공하여 구조부재를 제작한다. 공장에서 제작한 부재는 현장에서 용접과 볼트로 접합하므로 접합부의 안전성 확보가 대단히 중요하다. 그림 7.1은 형강 및 강판에 대한 사진이고, 그림 7.2는 공장제작한 부재를 현장에서 접합하는 방법이다.

(a) H형강　　(b) 강판

그림 7.1 H형강 및 강판

(a) 고장력볼트접합　　(b) 용접접합

그림 7.2 고장력볼트접합 및 용접접합

강구조의 접합은 공장가공과 현장시공 전반에 걸쳐 영향을 미치며, 완성된 구조물에 대한 안전성 확보, 공사비의 경제성 확보에도 중요한 영향을 미친다.

일반적으로 공장제작은 용접접합하며, 현장제작은 주로 고장력볼트를 사용하나, 후판 부재인 경우 용접접합하기도 한다.

7.2 일반볼트접합

7.2.1 일반사항

강구조 접합의 종류는 리벳접합, 일반볼트접합, 고장력볼트접합의 기계적 접합방법과 용접접합의 야금적 접합방법으로 구분된다. 리벳접합은 고도의 숙련도를 요구하고 현장적용이 어려워 현재 사용되고 있지 않으며, 고장력볼트 접합은 7.3에서 기술한다.

일반볼트는 볼트를 조이는 것만으로 접합이 가능하다.

볼트접합의 배치방법은 그림 7.3과 같이 정렬배치와 불규칙배치(엇모배치)로 구분하며, 일반볼트, 고장력볼트 동일하다.

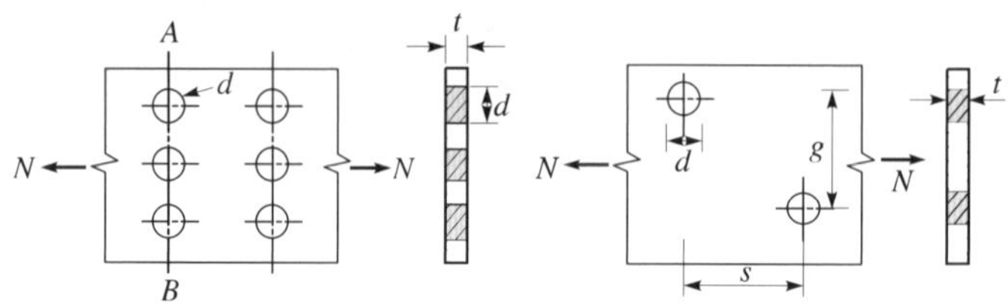

그림 7.3 볼트의 배치방법

(a) 정렬배치 (b) 불규칙배치(엇모배치)

일반볼트의 재료강도는 표 7.1과 같다.

일반볼트는 진동, 충격, 반복하중을 받으면 접합부에 큰 변형이 생기므로 구조물의 주요 접합부에는 사용하지 않으며, 2차 부재의 접합에 사용한다.

표 7.1 일반볼트의 재료강도 (N/mm^2)

강종	4.6 볼트 최소강도[1]
항복강도, F_y	240
인장강도, F_u	400

주 1) KS B 0233(강제 볼트·작은 나사의 기계적성질)에 따른 강도 구분

7.2.2 피접합판의 연단과 파괴형식

그림 7.4는 볼트의 게이지라인, 피치, 연단거리 등이다.

볼트의 중심선을 연결한 선을 게이지라인(Gauge Line)이라고 하며, 게이지라인과 게이지라인과의 거리를 게이지(Gauge)라고 한다.

볼트 중심사이의 간격을 피치(Pitch)라고 한다. 피치는 일반적으로 볼트직경(d)의 3~4d로 하며, 최소피치는 2.5d로 한다.

볼트가 힘을 받는 방향을 기준으로 볼트중심에서 연단까지의 거리를 연단거리, 직각방향의 거리를 측단거리라고 한다.

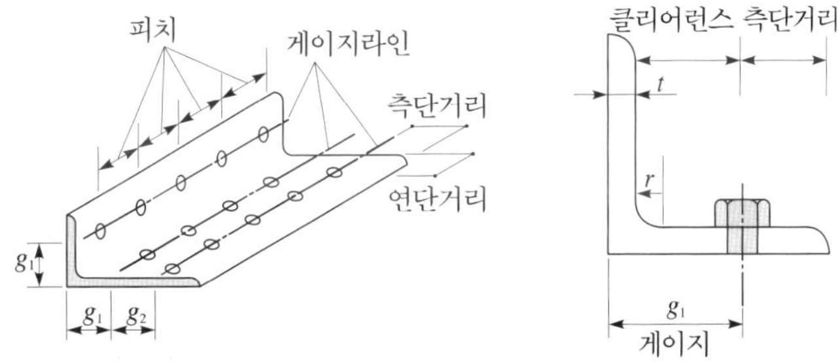

(a) 볼트의 게이지라인 및 피치 (b) 볼트의 측단거리 및 클리어런스

그림 7.4 볼트의 게이지라인, 피치 및 측단거리

표 7.2는 연단 및 측단부의 가공방법에 따른 최소거리이다. 일반적으로 연단 및 측단거리는 볼트직경(d)의 2.0~2.5배로 하면 안전하다. 최대 연단거리는 판두께의 12배 또는 150mm 이하로 한다.

표 7.2 최소 연단 및 측단거리 (mm)

볼트의 공칭직경(mm)	연단 및 측단부의 가공방법	
	전단절단, 수동가스절단	압연, 자동가스절단, 기계가공마감
16	28	22
20	34	26
22	38	28
24	42	30
27	48	34
30	52	38
30 초과	1.75d	1.25d

그림 7.5는 볼트접합부의 파괴형식이다.

볼트접합은 볼트의 축단면이 전단력에 저항하는 전단접합과 볼트의 축단면이 인장력에 저항하는 인장접합으로 구분된다. 전단접합의 파괴형식은 1면 전단파괴(a), 2면 전단파괴(b)와 인장파괴(c), 연단 및 측단부 파괴(d, e), 지압파괴(f)가 있다.

연단부파괴와 측단부파괴는 응력방향의 연단거리와 응력직각방향의 측단거리를 확보하면 방지할 수 있다.

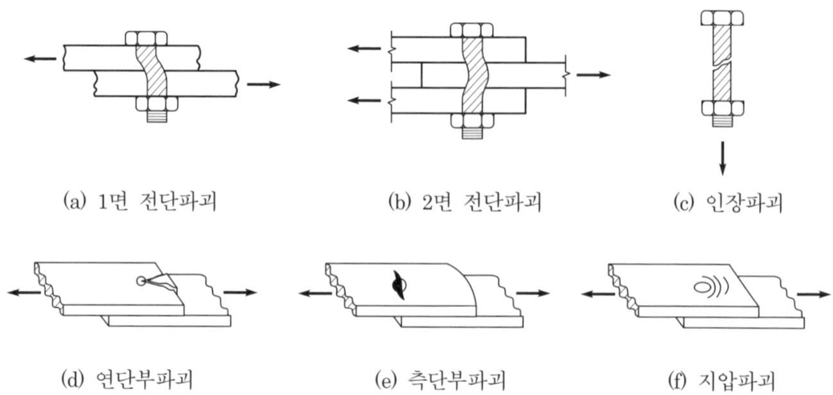

그림 7.5 볼트접합의 파괴형식

7.3 고장력볼트접합

7.3.1 고장력볼트 일반사항

1) 고장력볼트 일반사항

고장력볼트는 그림 7.6과 같이 볼트머리가 6각 형상의 고장력 6각 볼트와 원형형상의 토크 전단형 볼트(T.S 볼트)로 구분된다.

고장력 6각 볼트(KS B 1010)는 고장력볼트 1개, 너트 1개, 평와셔 2개로 구성되어 있다. 또한 T.S 볼트(Torque shear bolt, KS B 2819)는 고장력볼트 1개, 너트 1개, 평와셔 1개로 구성된다.

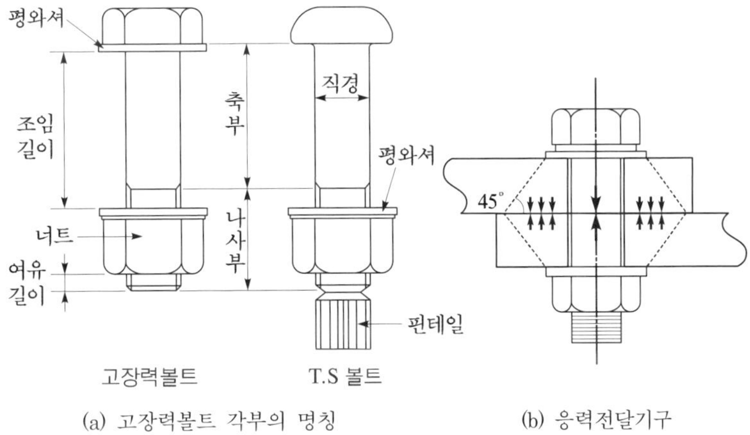

그림 7.6 고장력볼트 각부의 명칭과 응력전달기구

KS규격에 따른 고장력볼트의 종류 및 등급은 표 7.3과 같고, 기계적성질은 표 7.4, 고장력볼트의 구멍직경은 표 7.5와 같다. 표 7.4에서 F10T의 경우 F는 마찰접합용이고, 10은 인장강도의 크기(CGS 단위계, tf/cm^2), T는 인장강도의 영문약자이다.

표 7.3 고장력볼트의 종류와 등급

고장력볼트의 종류		적용한 구성부품의 기계적성질에 의한 등급		
기계적성질에 의한 종류	토크계수값에 의한 종류	볼트	너트	와셔
1종	A	F8T	F10	F35
	B			
2종	A	F10T	F10	
	B			
4종	A	F13T	F13	
	B			

표 7.4 고장력볼트의 기계적성질 (KS B 1010 참조)

고장력볼트의 기계적성질에 따른 등급	기계적 특성			
	항복강도 (N/mm^2)	인장강도 (N/mm^2)	연신율 (%)	단면 수축율 (%)
F8T	640 이상	800 ~ 1000	16 이상	45 이상
F10T	900 이상	1000~1200	14 이상	40 이상
F13T	1170 이상	1300~1500	12 이상	35 이상

표 7.5 고장력볼트의 구멍직경 (mm)

고장력볼트의 호칭	표준구멍의 직경	대형구멍의 직경	단슬롯구멍	장슬롯구멍
M16	18	20	18 × 22	18 × 40
M20	22	24	22 × 26	22 × 50
M22	24	26	24 × 30	24 × 55
M24	27	30	27 × 32	27 × 60
M27	30	35	30 × 37	30 × 67
M30	33	38	33 × 40	33 × 75

2) 마찰접합 및 인장접합의 응력전달기구

고장력볼트접합은 고장력볼트를 조여서 얻어진 초기장력을 응력전달에 이용하는 시스템이다. 그러므로 고장력볼트는 큰 힘을 전달할 수 있으며, 높은 접합 강성을 유지하는 우수한 접합방법이다. 구조적 장점은 다음과 같다.

가) 강한 조임력으로 너트의 풀림이 생기지 않는다.
나) 응력방향이 바뀌어도 혼란이 일어나지 않는다.
다) 응력집중이 적으므로 반복응력에 대해 강하다.
라) 유효단면적당 응력이 작으며, 피로강도가 높다.

7.3.2 고장력볼트의 접합방법

고장력볼트 접합방법은 그림 7.7과 같이 마찰접합, 인장접합, 지압접합으로 분류된다.

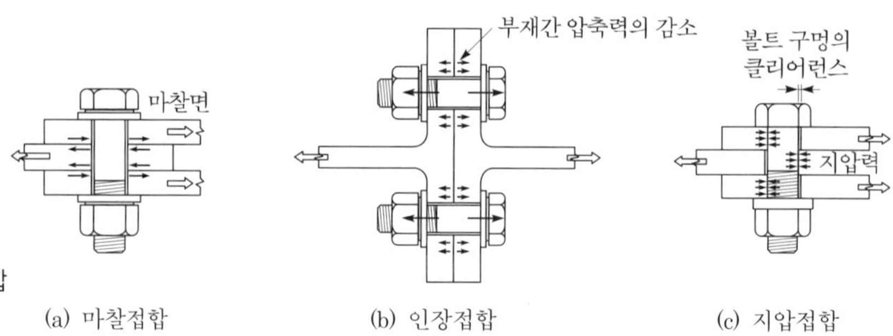

그림 7.7 고장력볼트 접합 방법의 종류

마찰접합은 고장력볼트의 강력한 조임력으로 부재간에 발생하는 마찰력을 이용하는 접합형식이다. 마찰면의 수에 따라 1면 마찰접합, 2면 마찰접합으로 구분된다(그림 7.8).

마찰접합은 응력의 흐름이 원활하며 접합부의 강성이 높고, 부재의 접합면에서 응력이 전달되므로 국부적인 응력집중현상이 생길 염려가 없다. 응력이 부재간의 마찰력을 초과하게 되면 미끄럼현상이 일어나게 되는데 이때 마찰계수를 미끄럼계수라고 한다.

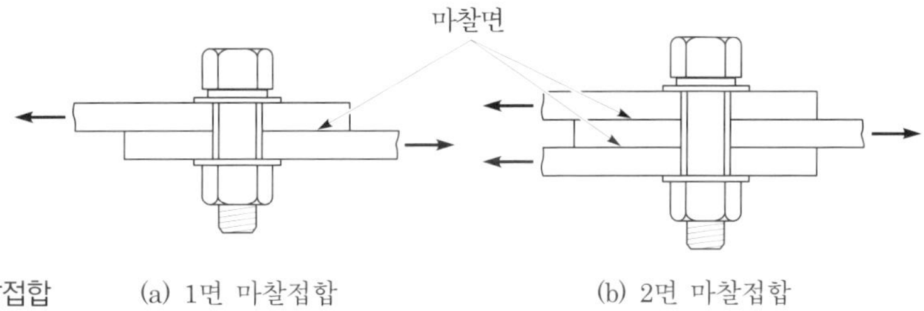

그림 7.8 1면 마찰접합과 2면 마찰접합

지압접합은 부재간에 발생하는 마찰력과 볼트축의 전단력 및 부재의 지압력을 동시에 발생시켜 응력을 부담하는 접합방법이다. 지압접합에서 고장력볼트의 조임방법은 밀착조임으로 한다. 밀착조임이란 임팩트렌치로 수회 또는 일반렌치로 최대로 조여서 접합판이 완전히 접착된 상태를 말한다.

인장접합은 고장력볼트를 조일 때의 부재간 압축력을 이용하여 응력을 전달시키지만, 마찰이 관여하지 않는다는 점에서 마찰접합과 본질적으로 다르다.

7.3.3 마찰면의 처리, 도입장력 및 볼트길이

1) 마찰면의 처리

마찰면은 강재의 표면과 고장력볼트 구멍 주변을 정리하고, 구멍을 중심으로 구멍지름의 2배 이상 범위의 흑피를 숏 블라스트 또는 샌드 블라스트로 제거한다. 표면 처리된 마찰면은 도료, 기름, 오물 등이 없어야 하며, 들뜬 녹은 와이어 브러시로 제거한다.

마찰면에 페인트하지 않은 경우를 기준으로, 미끄럼계수는 0.5이상 확보하여야 한다. 그림 7.9는 마찰면 상태를 구분한 것이다.

그림 7.9 고장력볼트 마찰면 상태 (a) 블라스트를 실시한 직후 (b) 녹이 발생하기 시작한 상태 (c) 마찰면으로 녹이 발생한 표준상태

마찰접합은 표 7.6과 같이 마찰면의 상태에 따라 크게 상이하므로 마찰면 처리에 주의가 필요하다.

표 7.6 마찰면의 미끄럼계수(μ)

마찰면의 마감상태	미끄럼계수(μ)
방청도료	0.05 ~ 0.20
아연도금	0.10 ~ 0.30
흑피	0.20 ~ 0.45
샌드페이퍼	0.25~ 0.45
붉은 녹	0.45 ~ 0.75
숏블라스트	0.40 ~ 0.75
샌드블라스트	0.45 ~ 0.75

2) 설계볼트장력 및 표준볼트장력

표 7.7은 F10T 고장력볼트의 설계볼트장력(T_o)과 표준볼트장력이다. 설계볼트장력은 고장력볼트의 미끄럼강도를 구하기 위해서 사용된다.

고장력볼트를 조일 때는 설계볼트장력에 10%를 할증한 표준볼트장력으로 조임한다.

표 7.7 설계볼트장력과 표준볼트장력

볼트의 등급	볼트의 호칭	공칭단면적 $A_n(\mathrm{mm}^2)$	설계볼트장력 T_o(kN)	표준볼트장력 $1.1T_o$(kN)
F10T	M 16	201	105	117
	M 20	314	164	182
	M 22	380	203	220
	M 24	453	236	261
	M27	573	307	338
	M30	707	376	414

3) 고장력볼트의 길이

접합부재에 사용되는 고장력볼트의 길이는 조임길이(조여진 부재의 총두께)에 표 7.8의 길이를 더한 것을 표준으로 한다. 고장력볼트의 길이는 KS규격에 따라 5mm 간격으로 제조된다.

표 7.8의 조임길이에 더한 길이는 너트 1개의 높이와 와셔 2개의 두께, 나사산 3개 정도의 여유길이를 더한 값이다(M20의 경우 : $20 + (4.5 \pm 0.5) \times 2 + 5 = 33 \sim 35(\mathrm{mm})$)

표 7.8 조임길이에 더하는 길이

고장력볼트의 호칭지름	조임길이에 더하는 길이(mm)
M 16	30
M 20	35
M 22	40
M 24	45

7.3.4 고장력볼트의 조임

1) 일반사항

고장력볼트는 설계볼트장력을 확보하기 위해서 표준볼트장력으로 조임하여야 한다. 고장력볼트의 장력을 도입하는 방법은 토크관리법과 너트회전법, 직접인장측정법 등이 있다.

표준볼트장력을 확보하기 위해서는 다음 사항을 유의해야 한다.

가) 고장력볼트 체결은 그림 7.10과 같이 고장력볼트 군의 중앙에서 양측단 쪽으로 조임해 간다.

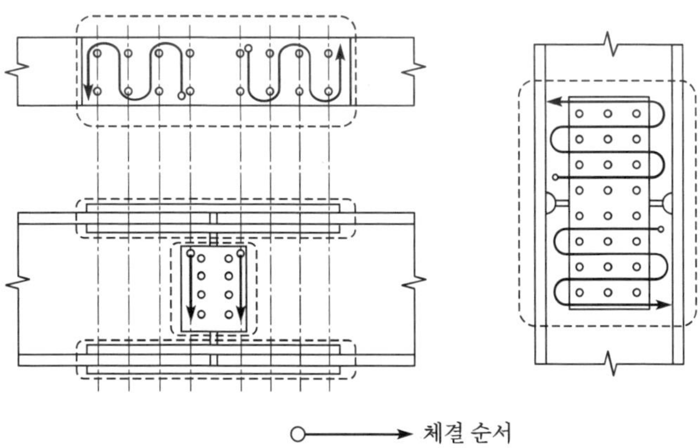

그림 7.10 고장력볼트 체결 순서

나) 고장력볼트는 2회 조임 하는 것으로 하며, 1차조임 후, 금긋기, 본조임을 실시한다. 이때, 너트와 고장력볼트 및 와셔의 공회전을 확인한다(그림 7.11).

다) 고장력볼트는 조임후 나사산이 너트면에서 1개~6개 돌출된 것을 적합으로 한다.

라) 작업온도에 따른 토크계수의 변화로 고장력볼트의 장력 크기가 달라지므로 온도의 영향을 고려하여야 한다.

2) 보정렌치 조임법

보정렌치 조임법에서 사용하는 대표적인 방법은 토크관리법이다. 토크관리법은 고장력볼트가 탄성범위 내에 있다고 가정하고 조임력과 고장력볼트 축력이 비례하는 것을 이용하는 방법이다.

토크관리법에 의한 고장력볼트의 본조임은 1차조임한 후, 너트를 소정의 토크로 작용시켜 고장력볼트에 축력을 도입한다.

3) 너트회전법

너트회전법은 너트의 회전량에 따라 표준볼트장력의 확보를 확인할 수 있으며, 피접합판이 완전 밀착된 후에는 적은 양의 너트회전에 의해서도 장력을 얻을 수 있다.

너트회전법은 접합면이 밀착될 때까지 1차조임한 후, 비틀림 원리를 이용하여 너트회전량으로 조임을 관리하는 방법이다.

고장력볼트의 너트회전법에 의한 조임방법은 그림 7.11과 같이 1차조임 후, 고장력볼트의 나사부, 너트 및 와셔 등에 표시를 한다. 그 다음 소정의 장력도입에 맞도록 너트를 120° 회전시킨다. 이때, 너트회전량이 120°±30°이면 합격으로 간주한다.

(a) 1차 조임
(b) 금긋기
(c) 본조임 후 상태
(d) 너트 회전량 과소
(e) 너트 회전량 과대
(f) 너트와 볼트 공회전

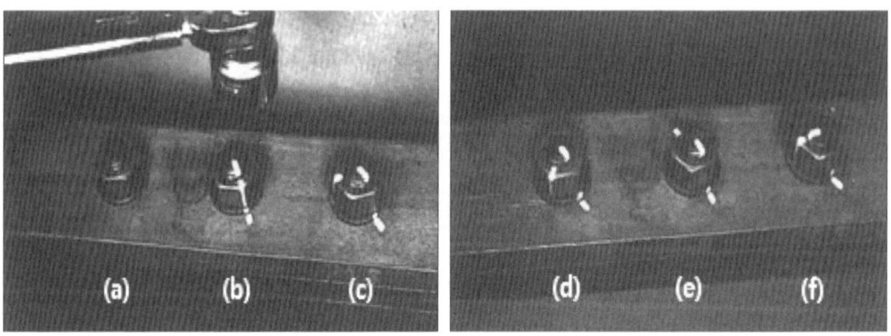

그림 7.11 너트회전법에 의한 고장력볼트조임

4) 조임기구

고장력볼트의 조임 및 조여진 고장력볼트의 조임력 검사에 사용되는 기구는 다이얼형 토크렌치와 프리세트형 토크렌치가 있다.

다이얼형 토크렌치(그림 7.12)는 고장력볼트의 조임부터 조임력 측정 및 검사까지 광범위하게 사용할 수 있다. 프리세트형 토크렌치는 일정한 조임력으로 많은 고장력볼트의 조임작업을 실시할 수 있다.

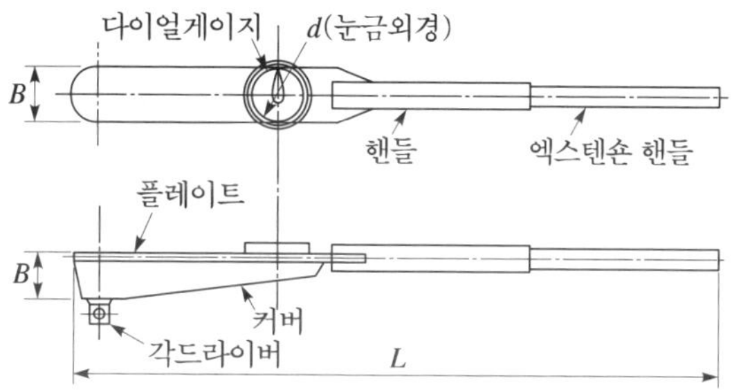

그림 7.12 다이얼형 토크렌치

조임작업의 효율을 높이기 위해, 최근에는 그림 7.13(a)와 같이 동력을 이용한 조임기구를 사용한다.

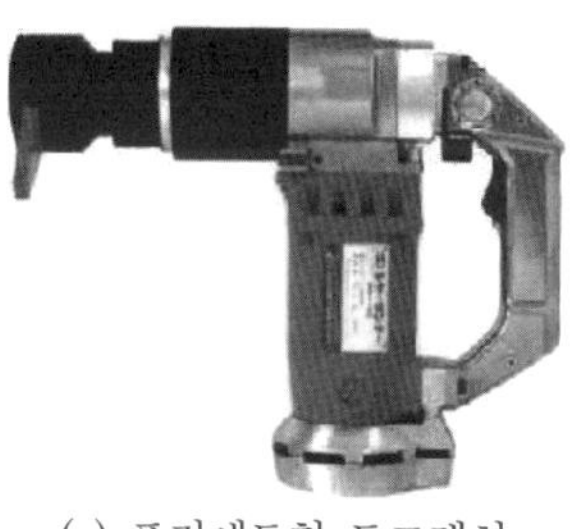

(a) 프리세트형 토크렌치

(b) 토크-전단형 고장력볼트 조임기

그림 7.13 전동 조임기의 종류

5) 토크-전단형 고장력볼트(T.S볼트)의 조임방법 및 조임기구

고장력볼트의 장력관리를 손쉽게 하기 위한 목적으로 토크-전단형 고장력볼트(T.S볼트)가 사용되고 있다. 토크-전단형 고장력볼트의 조임방법은 고장력 6각 볼트와 동일하게 1차조임 후 나사부, 너트 및 와셔 등에 마킹을 하고 2차조임을 한다.

조임기구는 그림 7.13(b)와 같이 전용 조임기를 사용하며, 2차조임 하면 토크-전단형 고장력볼트의 조임이 완료된다. 조임 이후 검사는 너트회전량 평균치의 ±30° 범위이면 합격으로 한다.

7.3.5 고장력볼트 접합부 설계방법

1) 마찰접합의 설계미끄럼강도

마찰접합의 설계미끄럼강도(ϕR_n)는 다음과 같이 계산한다.

$$\phi R_n = \phi \mu h_f T_o N_s \quad (7.1)$$

여기서, ϕ : 저항계수

μ : 미끄럼계수

h_f : 필러계수

T_o : 설계볼트장력(kN)

N_s : 마찰면의 수

고장력볼트의 접합부 설계는 설계미끄럼강도와 설계지압강도 중 작은 값으로 마찰접합의 설계강도로 한다.

2) 지압접합의 설계인장강도 및 설계전단강도

밀착조임된 고장력볼트의 설계인장강도 또는 설계전단강도(ϕR_n)는 다음과 같이 계산한다(표 7.9).

$$\phi R_n = \phi F_n A_b N_s \quad (7.2)$$

여기서, $\phi = 0.75$

F_n : ① 공칭인장강도 $F_{nt} = 0.75F_u$(N/mm^2)

② 공칭전단강도

$F_{nv} = 0.5F_u$(N/mm^2)(나사부 불포함)

$F_{nv} = 0.4F_u$(N/mm^2)(나사부 포함)

A_b : 고장력볼트의 공칭단면적(mm^2)

표 7.9 고장력볼트의 공칭강도 (N/mm^2)

강도 \ 강종		고장력볼트 F8T	F10T	F13T
공칭인장강도, F_{nt}		600	750	975
지압접합의 공칭전단강도 ,F_{nv}	나사부가 전단면에 포함되지 않을 경우	400	500	650
	나사부가 전단면에 포함될 경우	320	400	520
$F_{nt} = 0.75F_u$, $F_{nv} = 0.5F_u$ 또는 $F_{nv} = 0.4F_u$				

3) 볼트구멍의 설계지압강도

마찰접합과 지압접합에서 고장력볼트와 접합부재의 볼트구멍이 지압상태가 되는 경우, 고장력볼트 구멍에 대한 지압강도를 검토한다. 일반적으로 지압강도가 미끄럼강도 보다 크나 접합판이 얇을 경우 미끄럼강도 보다 지압강도가 작을 수 있다.

1) 표준구멍, 대형구멍, 단슬롯 구멍의 모든 방향에 대한 지압력 또는 장슬롯 구멍이 지압력 방향에 평행일 경우, 고장력볼트 구멍에 대한 설계지압강도(ϕR_n)는 다음과 같다.

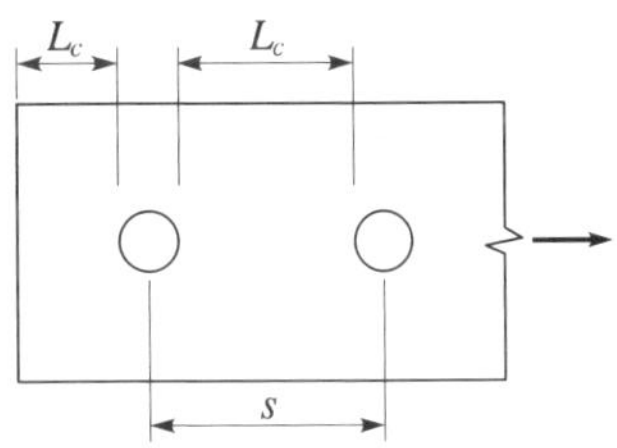

그림 7.14 하중방향의 순간격

① 고장력볼트 구멍의 변형이 설계에 고려될 경우

$$\phi = 0.75$$
$$R_n = 1.2 L_c t F_u \ (\leq 2.4 d t F_u) \quad (7.3)$$

② 고장력볼트 구멍의 변형이 설계에 고려되지 않을 경우

$$\phi = 0.75$$
$$R_n = 1.5 L_c t F_u \ (\leq 3.0 d t F_u) \quad (7.4)$$

2) 장슬롯 구멍에서 구멍의 방향에 수직방향으로 지압력을 받을 경우, 고장력볼트 구멍에 대한 설계지압강도(ϕR_n)는 다음과 같다.

$$\phi = 0.75$$
$$R_n = 1.0 L_c t F_u \ (\leq 2.0 d t F_u) \quad (7.5)$$

여기서, d : 고장력볼트의 공칭직경(mm)
F_u : 피접합재의 공칭인장강도(N/mm^2)
L_c : 하중방향 순간격, 구멍의 끝과 피접합재의 끝 또는 인접구멍의 끝까지의 거리(mm)(그림 7.14)
t : 피접합재의 두께(mm)

접합부에 대해 설계지압강도는 고장력볼트의 전단강도의 합과 고장력볼트 구멍의 지압강도 합 중에 작은 값으로 산정한다.

예제 7.1

그림 7.15의 접합부에서 설계미끄럼강도를 구하시오. 강재는 SM355이며 고장력볼트는 M22(F10T, 표준구멍), 설계볼트장력 $T_0 = 200\text{kN}$이다. 마찰면은 블라스트 후 페인트하지 않았고, 필러를 사용하지 않았다.

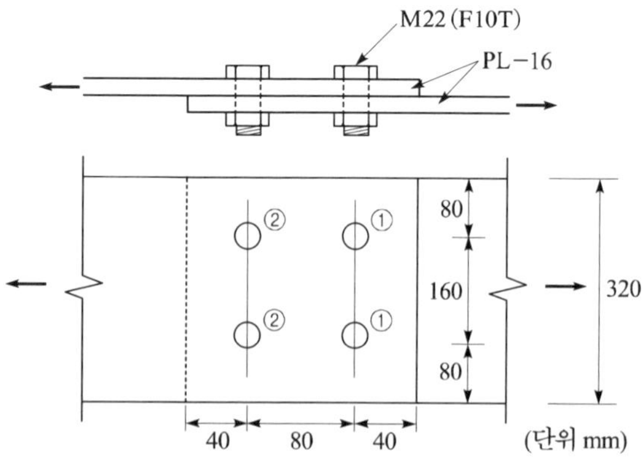

그림 7.15 예제 7.1

풀이

마찰접합에 의한 설계미끄럼강도(1면마찰) 계산 :

$\phi R_n = \phi \mu h_f T_o N_s$

표준구멍의 경우 $\phi = 1.0$

페인트 칠하지 않은 블라스트 청소된 마찰면 $\mu = 0.5$

필러를 사용하지 않은 경우 $h_f = 1.0$

설계볼트장력 $T_0 = 200\,\text{kN}$

마찰면 $N_s = 1$

$\phi R_n = \phi \mu h_f T_o N_s$

$= 1.0 \times 0.5 \times 1.0 \times 200 \times 1 = 100.0\text{kN}$

∴ 고장력볼트 4개에 대한 설계미끄럼강도

$= 100.0 \times 4 = 400.0\text{kN}$

7.4 용접접합

7.4.1 용접 일반사항

용접은 2개 이상의 강재를 국부적으로 일체화시키는 접합이다. 그러므로 접합부에 용융금속을 생성하거나 또는 공급하여 국부용융으로 접합하며, 모재의 용융을 동반한다.

용접방법의 종류는 표 7.10과 같다. 건설분야에서 가장 많이 사용되는 용접방법은 전극간의 아크열을 이용하는 아크용접이다. 아크용접은 전극간에 발생하는 아크열로 피용접재(모재)와 용접금속을 용융시켜 모재를 접합하는 용접방법이다.

표 7.10 건설분야에 사용되는 용접

- 용접 종류
  - 아크용접(arc welding)
    - 피복 아크용접(shielded metal arc welding: SMAW)
    - 서브머지드 아크용접(submerged arc welding: SAW)
    - 가스메탈 아크용접(gas metal arc welding: GMAW)
      1) 보호가스에 의한 분류
         - 불활성가스(matal inert gas: MIG, TIG) - Ar
         - 활성가스(metal active gas: MAG) - O_2, CO_2
      2) 용접재에 의한 분류
         - 솔리드 와이어(solid wire)
         - 플럭스코어드 와이어(Flux-cored wire) - FCAW
    - 스터드용접(stud welding)
  - 일렉트로 슬래그용접(electro slag welding: ESW)

강재의 용접은 모재를 국부적으로 급속고온으로 접합 후 상온으로 급속냉각이 수반된다. 그러므로 용접은 모재의 재질변화, 용접변형, 잔류응력이 발생하므로 용접부 설계 및 용접시공시 이러한 부분을 고려해야 한다.

7.4.2 용접방법

1) 피복 아크용접 (SMAW)

그림 7.16은 피복 아크용접법의 개념을 나타낸 것이다.

용접봉과 모재의 사이에 직류전압을 가한 상태에서 양극이 적정 간격에 도달하면 강렬한 빛의 아크가 발생한다. 아크용접은 아크가 발생하는 약 6,000℃의 고열을 이용한 용접이다.

피복 아크용접은 수동용접으로 가장 많이 사용되는 용접방법이다. 피복 아크용접에 사용하는 용접봉의 피복재는 용접 중에 분해하여 가스 및 슬래그를 발생시키고, 용융금속을 대기로부터 차폐하여 급랭을 막고 아크를 안정시킨다.

아크 용접기는 직류용접기와 교류용접기가 있다.

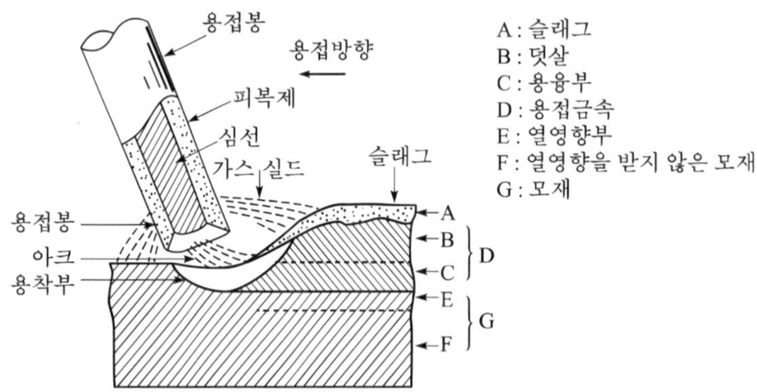

(a) 피복 아크용접 개요

(b) 피복 교류아크용접기 형상

그림 7.16 피복 아크용접

2) 가스메탈 아크용접 (GMAW)

그림 7.17은 가스메탈 아크용접법의 개념을 나타낸 것이다.

가스메탈 아크용접은 가스로 아크를 보호하는 용접으로 공장에서 가장 일반적으로 사용하는 용접방법이다. 와이어는 솔리드 와이어와 얇은 관에 플럭스를 속에 넣어 성형한 플럭스 코어드 와이어 두 가지로 구분된다.

솔리드 와이어는 직류용접기에 CO_2, CO_2+O_2, CO_2+Ar 등의 가스가 사용되고, 플럭스를 넣은 와이어는 직류 또는 교류용접기에 CO_2가스가 사용된다.

옥외 용접작업 시, 바람의 영향을 받지 않도록 방풍장치를 해야 한다.

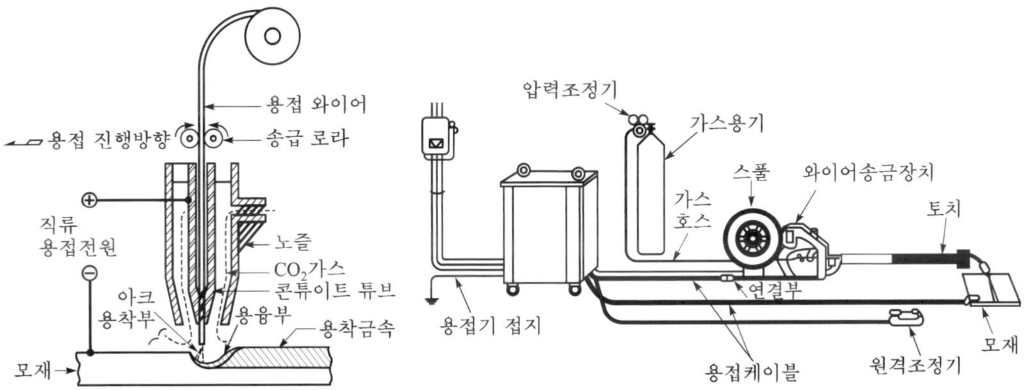

(a) 가스메탈 아크용접 개요

(b) 가스메탈 아크용접 장치의 구성

그림 7.17 가스메탈 아크용접

3) 서브머지드 아크용접 (SAW)

서브머지드 아크용접은 그림 7.18과 같다.

이음부 용접표면에 미세한 입상의 플럭스를 공급하고, 플럭스 내부에서 피복하지 않은 용접봉으로 아크용접 하는 방법이다. 용접방법의 특징은 용접와이어 및 플럭스가 자동으로 공급되는 자동용접이다.

빌트업 H형강, 강판의 이음 등 용접선이 길고, 하향용접이 가능한 분야에서 가장 많이 사용된다.

용접재료는 와이어와 플럭스로 구성되며, 플럭스는 제조법에 따라 용융형과 소결형이 있다.

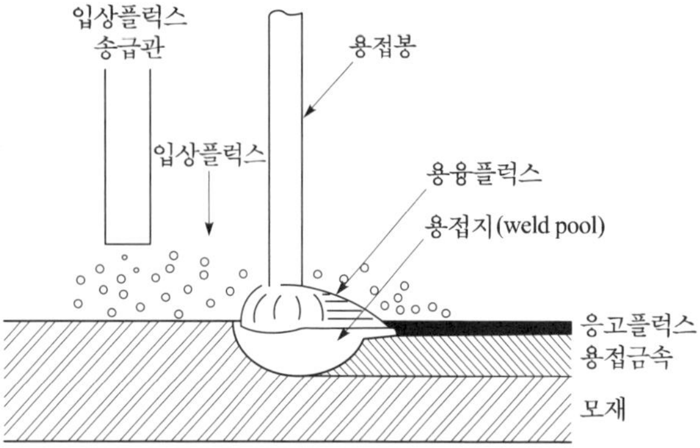

(a) 서브머지드 아크용접의 개요

(b) 용접 H형강 제작

그림 7.18 서브머지드 아크용접

7.4.3 용접이음

1) 용접이음의 일반사항

용접이음 형식은 그림 7.19와 같이 그루브용접, 필릿용접, 부분용입용접, 플러그용접, 슬롯용접 등이 있다. 용접이음의 형태는 맞댐이음, 겹침이음, 모서리이음, T이음 등으로 구분한다.

일반적으로 사용하는 용접접합은 그루브용접(맞댐용접, 완전용입용접, CP(또는 CJP(Complete Joint Penetration))과 필릿용접(모살용접)으로 구분된다.

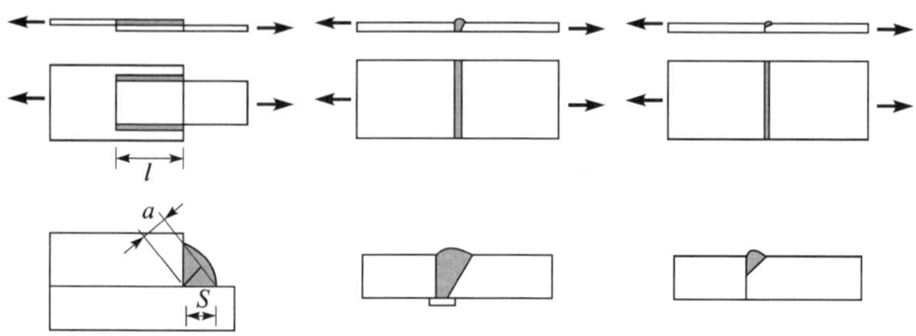

그림 7.19 용접이음형식의 구분 (a) 필릿용접 (b) 그루브용접 (c) 부분용입용접

2) 그루브용접

그루브용접은 그림 7.20과 같이 한쪽, 또는 양쪽 부재의 끝을 용접이 양호하게 되도록 끝단면을 비스듬히 절단하여 용접하는 방법이다. 부재의 끝을 절단해낸 부분을 홈 또는 개선이라고 하며, 그림 7.20(b)는 홈의 형상을 구분한 것이다.

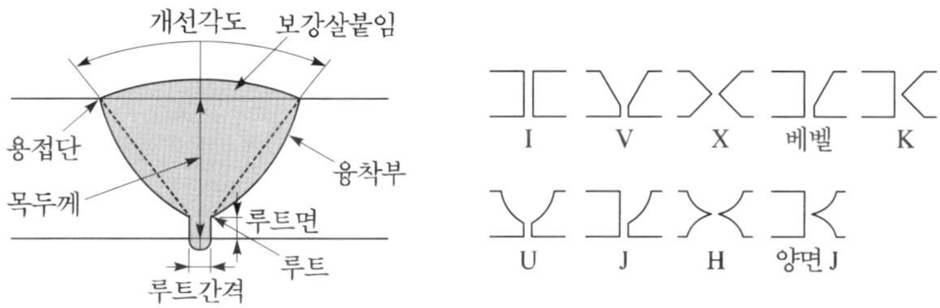

(a) 그루브용접 각부명칭 (b) 홈의 형상

그림 7.20 그루브용접 및 홈의 형상

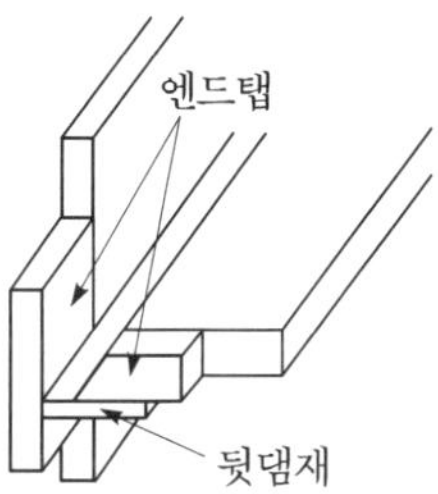

그림 7.21 그루브용접부 상세

그루브용접은 뒷댐재를 대고 용접한다. 뒷댐재는 루트간격(루트갭)에 의해 용접 중 용접금속의 탈락을 막고, 용접 초기에 생기기 쉬운 용융불량, 수축균열, 슬래그 함입 등의 결함을 없애기 위해 사용된다.

용접 개시점과 종료점은 용접금속의 결함을 방지하기 위해 양단부에 엔드탭을 설치하며, 형상은 그림 7.21과 같다.

3) 필릿용접

필릿용접은 응력방향에 따라 그림 7.22와 같이 전면 필릿용접, 측면 필릿용접과 경사 필릿용접 등으로 분류된다.

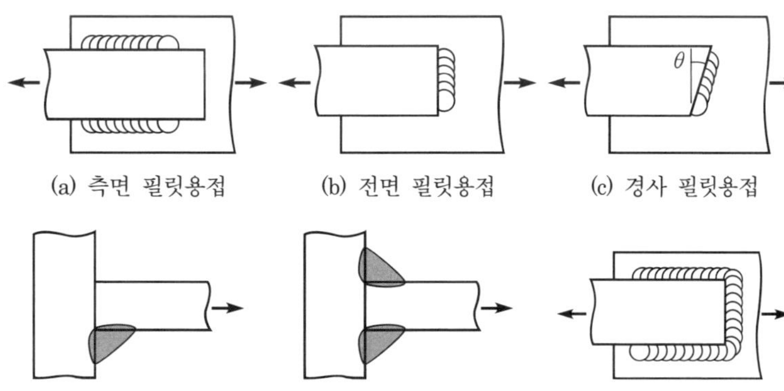

(a) 측면 필릿용접 (b) 전면 필릿용접 (c) 경사 필릿용접

(d) 일면 필릿용접 (e) 양면 필릿용접 (f) 병용 필릿용접

그림 7.22 필릿용접의 종류

필릿용접은 두 장의 판재를 겹치는 필릿용접과 T자형, +자형 조립으로 구분된다. 또한 용접선의 종류에 따라 연속필릿용접, 단속필릿용접, 병열용접, 엇모용접 등으로 구분한다.

필릿용접은 그림 7.23와 같이 종국적으로 용접부가 전단 파단되므로 용접유효면적에 대해 전단응력으로 설계된다.

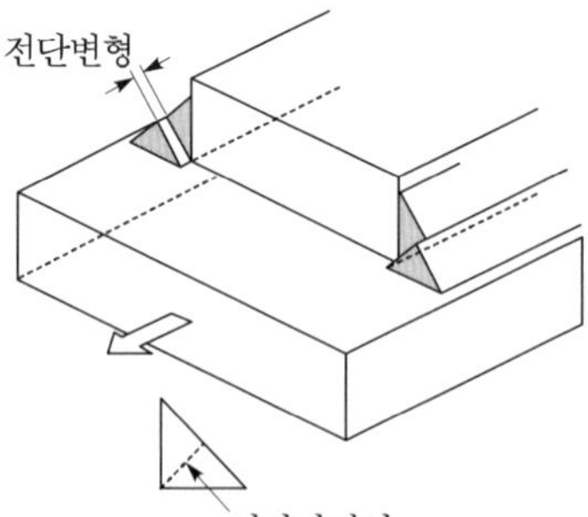

그림 7.23 필릿용접의 전단파단면

4) 플러그용접과 슬롯용접

플러그용접 및 슬롯용접은 겹친 두 장의 판 한쪽에 원형 또는 슬롯 구멍을 뚫고 그 구멍주위를 필릿용접하는 방법이다. 플러그 및 슬롯 용접의 종류는 필릿구멍용접, 필릿홈용접 등이 있다.

이러한 용접방법은 겹침이음에서 필요한 필릿용접 유효길이가 확보되지 않을 때 활용된다.

7.4.4 용접부의 성질 및 용접결함

1) 용접부의 성질

용접 진행방향으로 1회의 용접작업을 패스(Pass)라 하고, 그 결과 생기는 용착부를 비드라 한다. 수 회 반복되는 비드의 용접열로 용착되는 주조조직은 탬퍼링효과에 의해 열처리된 조직이 된다.

모재는 강재의 용융점에서 실온까지 용접되는 과정에서 열영향을 받게 된다. 열영향에 의해 용접부는 위치에 따라 상이한 경도분포를 갖으며, 용접부의 경도분포 예는 그림 7.24와 같다. 경도는 강도와 비례관계를 가지므로 경도상승은 국부적인 강도상승을 의미한다.

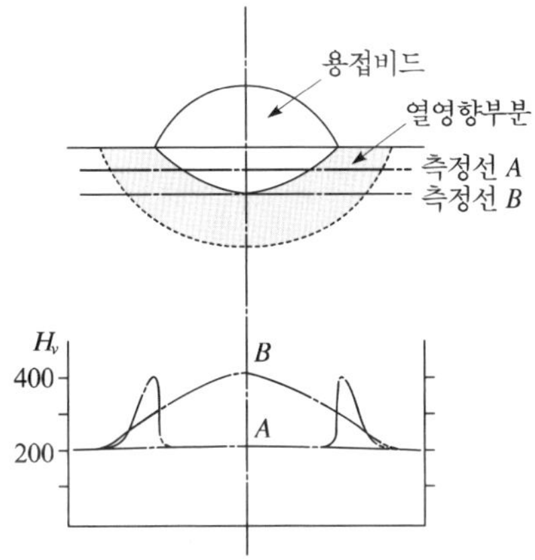

그림 7.24 용접부의 경도분포

2) 용접부의 결함

(1) **용접결함의 종류**

용접부는 용접과정에서 여러 종류의 용접결함이 발생할 수 있다. 용접결함 중에서 주된 것은 균열, 융합불량, 용입부족, 슬래그함입, 피트, 블로홀, 언더컷, 오버랩 등이 있다(그림 7.25).

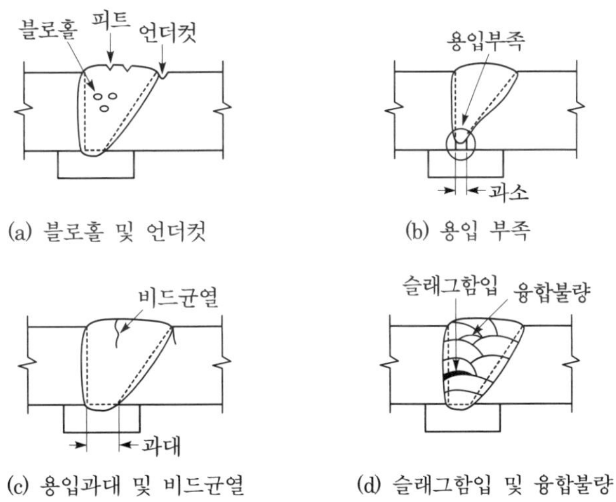

그림 7.25 용접부의 결함

(2) 용접균열의 종류

용접균열은 모재에 생기는 균열과 용접금속에 발생하는 균열로 구분한다.

용접금속에 생기는 균열은 비드균열, 크레이터균열, 루트균열, 유황균열 등이 있다.

모재에 생기는 균열은 루트균열, 측단균열, 비드밑균열, 라멜라 테어링(Lamellar Tearing) 등이 있다. 모재 균열은 550℃ 이상에서 생기는 고온균열과 200℃ 이하에서 생기는 저온균열로 구분한다. 고온균열은 인, 유황 등의 저융점 불순물에 의해 발생하며, 저온균열은 용접시 열영향부에 흡수된 수소가 냉각과 동시에 과포화상태가 되어 생긴다.

(3) 용접에 의한 수축변형

용접부는 모재가 고온에서 용융되었다가 상온으로 냉각되는 과정에서 변형이 발생한다. 변형의 종류는 횡수축과 종수축, 각변형 등이 있으며, 구속조건과 용접방법에 따라 조합되어 발생한다.

7.4.5 용접검사와 용접자세

1) 용접검사

용접부에 필요한 품질을 검토하는 수단으로 용접검사를 한다. 검사는 용접 전, 용접 중, 용접 후 각 단계에서 공정에 알맞은 방법으로 적절한 시기에 실시해야 한다.

용접부의 내부결함검출방법은 초음파탐상시험(UT), 방사선투과시험(RT)이 있고, 표면결함검출방법은 자분탐상시험(MT), 침투탐상시험(PT)에 의한 방법이 있다.

내부결함검출은 그루브용접, 표면결함검출은 필릿용접 및 부분용입용접에 적용한다.

2) 용접자세

용접품질에 영향을 미치는 용접자세는 그림 7.26과 같이 아래보기자세, 수평자세, 수직자세, 위보기자세 등이 있다.

아래보기자세가 가장 좋은 품질을 얻을 수 있고, 위보기자세는 작업이 어렵고 용접품질확보가 가장 어렵다.

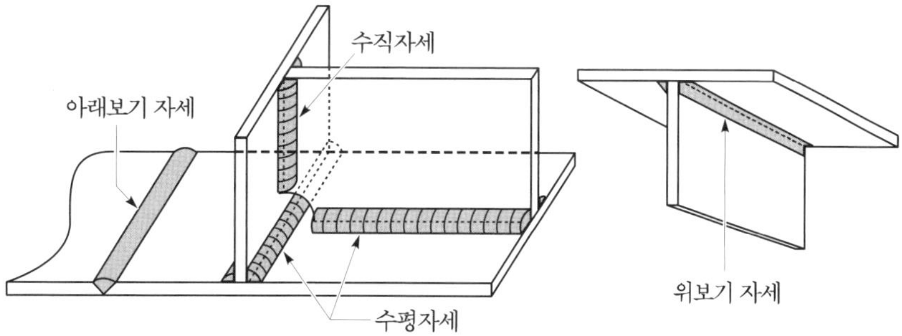

그림 7.26 용접자세

3) 용접이음부 도시법

용접법, 이음의 형식, 홈의 형상, 용접 길이 등을 도면에 표시할 때에는 용접기호를 사용한다. 용접에 관계되는 기본기호 및 보조기호는 KS B 0052를 참고한다. 표기방법은 그림 7.27과 같다.

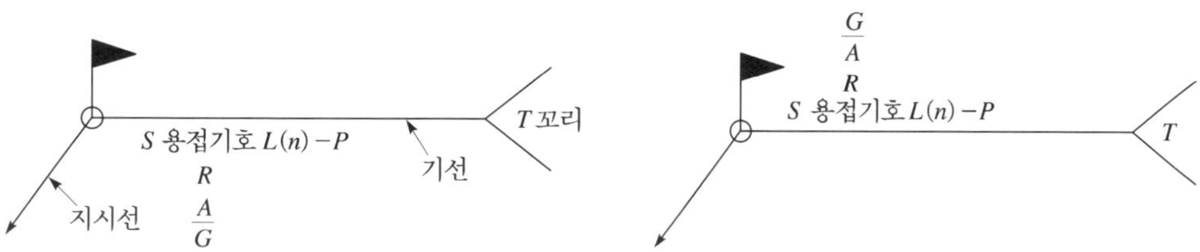

그림 7.27 용접기호의 표기방법

주) S : 용접사이즈, R : 루트간격, A : 개선각, T : 꼬리(특기사항기록)
− : 표면모양, G : 용접부처리방법, L : 용접길이, P : 용접간격, ▶ : 현장용접

7.4.6 용접접합부 설계

1) 그루브용접

그루브용접의 유효면적(A_w)은 그림 7.28과 같이 유효용접길이(l_e)에 유효목두께(a)를 곱한 것이며, 유효용접길이는 재축에 직각인 접합부분의 폭으로 한다. 또한 그루브용접의 유효목두께는 접합판 중 얇은 쪽 판두께로 한다.

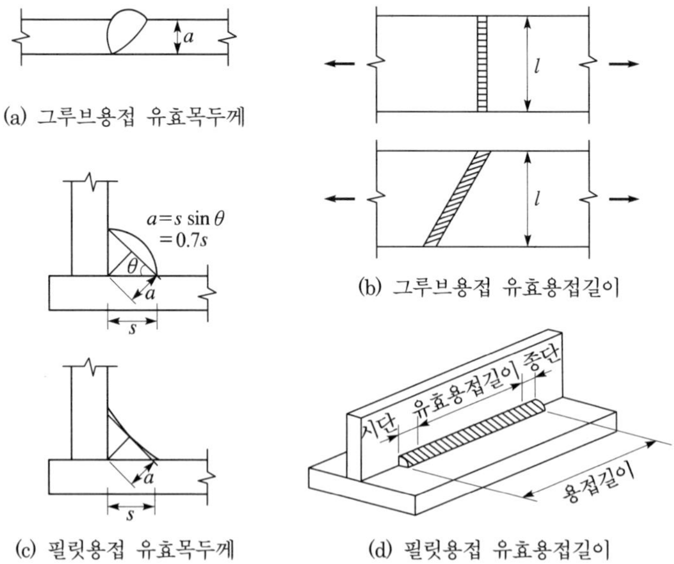

(a) 그루브용접 유효목두께

(b) 그루브용접 유효용접길이

(c) 필릿용접 유효목두께

(d) 필릿용접 유효용접길이

그림 7.28 필릿용접 유효목두께 및 유효용접길이

부분용입용접의 유효목두께(a)는 $2\sqrt{t}$ (mm) 이상으로 하며, t는 두꺼운 쪽 판두께로 한다. 부분용입용접부의 단면형상에 따른 유효목두께 산정은 표 7.11과 같다.

표 7.11 부분용입용접의 유효목두께

용접방법	용접자세	그루브 형상	유효목두께
SMAW GMAW	모든 자세	J 또는 U 그루브, 60° V 그루브	그루브 깊이
SAW	아래보기 자세	J 또는 U 그루브, 60° 베벨 또는 V 그루브	
GMAW FCAW	아래보기 자세 수평 자세	45° 베벨	
SMAW	모든 자세	45° 베벨	그루브 깊이에서 3mm 공제
GMAW FCAW	수직 자세 위보기 자세		

※ SMAW : 피복 아크용접, GMAW : 가스메탈 아크용접
FCAW : 플럭스코어드 아크용접, SAW : 서브머지드 아크용접

2) 필릿용접

필릿용접의 유효면적(A_w)은 유효용접길이(l_e)에 유효목두께(a)를 곱한 것이다. 유효용접길이는 용접길이(l)에서 용접치수(s)의 2배를 공제한다. 유효목두께는 모재가 직각으로 접합된 경우 용접치수(사이즈)의 0.7배($a = 0.7s$)로 한다.

필릿용접의 사이즈는 원칙적으로 접합되는 모재의 얇은 쪽 판두께 이하로 한다. 필릿용접의 최대 사이즈는 표 7.12, 필릿용접의 최소 사이즈는 표 7.13과 같다.

필릿용접에서 접합하는 두 모재 각도는 60°~120° 범위로 한다.

표 7.12 필릿용접의 최대사이즈 (mm)

접합재 단부 판두께	필릿용접의 최대사이즈
$t < 6$	$s = t$
$t \geq 6$	$s = t - 2\text{mm}$

표 7.13 필릿용접의 최소사이즈 (mm)

접합부의 얇은 쪽 판두께	필릿용접의 최소사이즈
$t \leq 6$	3
$6 < t \leq 13$	5
$13 < t \leq 20$	6
$20 < t$	8

3) 설계강도

용접부의 설계강도(ϕR_n)는 모재강도(식 7.6)와 용접재강도(식 7.7) 중 작은 값으로 한다.

용접재의 공칭강도는 용접구분과 응력구분에 따라 적용하며, 표 7.14는 예를 나타낸 것이다.

$$\phi R_n = \phi F_{nBM} A_{BM} \tag{7.6}$$

$$\phi R_n = \phi F_{nw} A_w \tag{7.7}$$

여기서, A_{BM} : 모재의 단면적(mm^2)

F_{nBM} : 모재의 공칭강도(N/mm^2)

A_w : 용접재의 유효면적(mm^2)

F_{nw} : 용접재의 공칭강도(N/mm^2)(표 7.14 참조)

표 7.14 용접재의 공칭강도(F_w)

용접구분	응력구분	공칭강도 (F_{nw})	저항계수 (ϕ)
그루브용접	용접축에 직각인 인장, 압축	모재와 동일	
	용접축에 평행한 인장, 압축	별도 검토하지 않음	
	전단	$0.6F_u$ 1)	0.8
부분용입용접	용접축에 직각인 인장	$0.6F_u$ 1)	0.8
	용접축에 평행한 인장, 압축	별도 검토하지 않음	
	전단	$0.6F_u$ 1)	0.75
필릿용접	전단	$0.6F_u$ 1)	0.75
	용접축에 평행한 인장, 압축	별도 검토하지 않음	

주 1) 용접부 모재의 인장강도이며, 용접부 강도가 모재 강도보다 작은 경우 용접재의 인장강도를 적용한다.

예제 7.2

그림 7.29와 같은 필릿용접 이음부의 설계강도를 구하시오. 단, 모재는 SM355이며, 용접재의 인장강도는 $F_{uw} = 490\text{N/mm}^2$이다(단, 모재의 강도는 용접재의 강도보다 큰 것으로 가정한다).

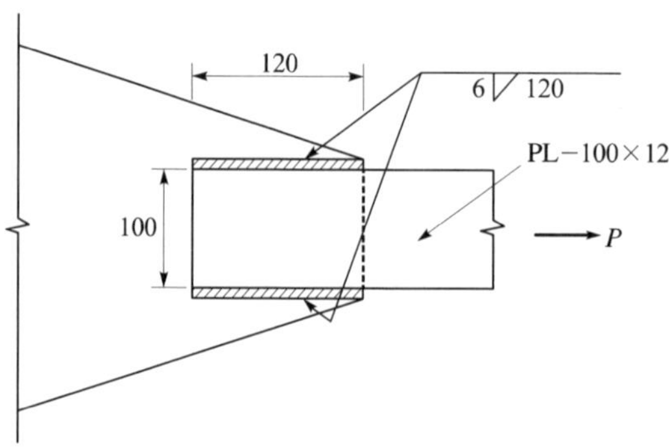

그림 7.29 예제 7.2

풀이

필릿용접부의 설계강도 계산 :

모재강도는 용접재의 강도보다 크므로 용접재강도만 검토

$$\phi R_n = \phi F_w A_w$$

$$\phi = 0.75$$

$$F_w = (0.6F_{uw}) = 0.6 \times 490 = 294.0\text{N/mm}^2$$

$$a = 0.7s = 0.7 \times 6 = 4.2\text{mm}$$

$$l_e = 2 \times (l - 2 \times s) = 2 \times (120 - 2 \times 6) = 216.0\text{mm}$$

$$A_w = a \times l_e = 4.2 \times 216.0 = 907.2\text{mm}^2$$

$$\phi F_w A_w = 0.75 \times 294.0 \times 907.2 \times 10^{-3} = 200.0\text{ kN}$$

∴ 필릿용접 이음부의 설계강도

$$\phi R_n = \phi F_w A_w = 200.0\text{ kN}$$

7.5 병용접합

볼트접합과 용접접합을 1개소의 접합부에 병용하여 사용할 경우 이를 병용접합이라 한다. 그러나 혼용접합은 접합부별로 접합법을 달리하는 경우로서 병용접합과 다르다.

7.5.1 고장력볼트와 일반볼트의 병용접합

일반볼트접합은 볼트축 또는 구멍과의 간격이 크므로 접합강성이 작다. 반면, 고장력볼트접합은 미끄럼하중까지 강성이 극히 크다. 그러므로 1개소의 이음 또는 접합부에 고장력볼트와 일반볼트를 겸용하는 경우, 강성이 큰 고장력볼트에 전내력을 부담시켜야 한다.

7.5.2 고장력볼트와 용접의 병용접합

고장력볼트와 용접을 1개소의 이음 또는 접합부에 병용하는 경우, 용접접합이 전내력을 부담하도록 해야 한다. 다만, 고장력볼트를 먼저 조인 후에 용접하는 경우, 접합부의 내력은 양쪽 접합내력의 합으로 설계할 수 있다.

용접에 의해 기존부재에 증축, 개축할 때에는 고장력볼트는 기존 구조물의 고정하중을 지지하고 있으므로 하중을 고장력볼트와 용접에 분담시킬 수 있다.

연습문제

1) 주요 구조부에 적용하면 안 되는 접합재료는 무엇인가?

① 일반볼트　② 고장력볼트　③ 용접　④ 고장력볼트(1차체결)+용접

[답] ①

2) 볼트 접합부의 파괴형식이 아닌 것은?

① 전단파괴　② 인장파괴　③ 지압파괴　④ 압괴

[답] ④

3) 마찰접합 미끄럼강도 산정 시 미끄럼계수는 얼마인가(단, 페인트칠하지 않은 블라스트 청소된 마찰면의 경우) ?

① 0.3　② 0.4　③ 0.5　③ 0.6

[답] ③

4) 표준볼트장력은 설계볼트장력 보다 얼마나 할증하나?

① 5%　② 10%　③ 15%　④ 20%

[답] ②

5) 그루브용접의 특징으로 틀린 것은?

① 용접하려는 부위는 기계가공으로 개선을 한다.
② 뒷댐재를 대고 용접한다.
③ 그루브용접의 경우 접합하는 판재 중 얇은 쪽의 판두께가 유효목두께가 된다.
④ 자분탐상시험(MT)으로 용접 내부결함 검사를 한다.

[답] ④

참고문헌

7.1 한국강구조학회 (2010), "강구조용어사전", 구미서관

7.2 국토교통부, "건축물 강구조 설계기준 KDS 41 31 00(2019)", 국가건설기준센터

7.3 한국강구조학회 (2021), "KDS 41 31 00 : 2019에 따른 강구조설계", 구미서관

7.4 한국강구조학회(2021), "엔지니어를 위한 용접부 설계지침", 구미서관

7.5 한국강구조학회(2021), "강구조 접합부 설계매뉴얼", 구미서관

7.6 한국강구조학회(2021), "강구조 접합부 설계예제집", 구미서관

7.7 한국강구조학회(2022), "건축강구조 표준접합상세지침(3차 개정판)", 기문사

7.8 한국강구조학회(2022), "H형강 표준이음", 구미서관

7.9 국토교통부 표준시방서 (2022), "건축물 강구조공사 KCS 41 31 00 : 2022", 국가건설기준센터

7.10 한국강구조학회(2023), "건축 강구조 강재와 용접", 구미서관

7.11 Geschwindner, Louis F., Disque, Robert O., Bjorhovde, Reidar (1994), "Load and Resistance Factor Design of Structures", Prentice Hall

7.12 McCormac, Jack C (1995), "Structural Steel Design LRFD method", 2nd ed., Harper Collins

7.13 Tamboli,. Akbar R. (1997), "Steel Design Handbook LRFD Method", McGraw-Hill

7.14 Galambos, Theodore V. 외 2인 (1998), "기본 강구조 설계", 영풍문고

7.15 Segui, W. T. (2013), "LRFD Steel Design", 5th ed., Cengage.

7.16 AISC (2016), "Specification for Structural Steel Buildings", AISC.

7.17 일본건축학회 (2001), 鋼構造接合部設計指針, 丸善(株)

7.18 일본건축학회 (2008), 溶接接合設計施工ガイドブック, 丸善(株)

7.19 일본건축학회 (2010), 鋼構造限界狀態設計指針·同解說", 丸善出版(株)

7.20 일본건축학회 (2016), 高力ボルト接合設計施工ガイドブック, 丸善(株)

7.21 일본건축학회 (2018), 建築工事標準仕様書, JASS6 鐵骨工事, 丸善出版(株)

7.22 일본건축학회 (2018), 鐵骨工事技術指針·工場製作編標, 丸善(株)

Steel Structures

제8장 부재 접합부

8.1 개요

강구조는 하중의 전달 및 설계, 제작, 운반, 현장에서의 시공상 여건 등의 이유로 구조부재간 이음과 접합의 연결부를 갖는다.

여기서 보-보, 기둥-기둥과 같이 동일 부재간의 연결을 이음으로 구분하고, 기둥과 보의 연결과 큰보와 작은보의 연결을 접합으로 구분하여 기둥-보 접합, 큰보-작은보 접합이라고 부른다.

각종 접합부에서는 보통 집중된 하중에 대응하기 위한 보강재인 스티프너(Stiffener)와 거셋플레이트(Gusset Plate), 브래킷(Bracket) 등의 접합요소가 용접 또는 고장력볼트를 통하여 구조부재에 접합된다.

그림 8.1은 H형강을 사용한 강구조의 접합과 이음을 보여주고 있다.

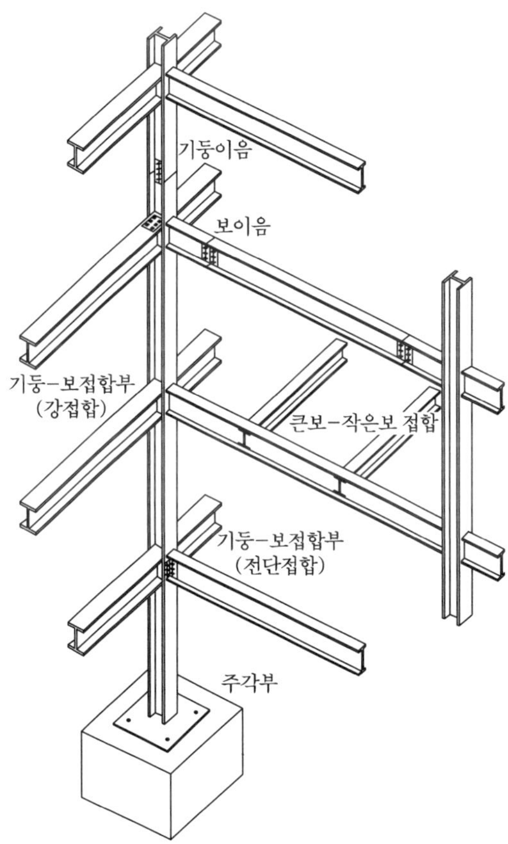

그림 8.1 H형강을 사용한 강구조의 접합과 이음

그림 8.2는 기둥과 보의 접합부, 그림 8.3은 기둥의 고장력볼트 이음부의 사례이다.

그림 8.2 H형강 기둥-보 접합

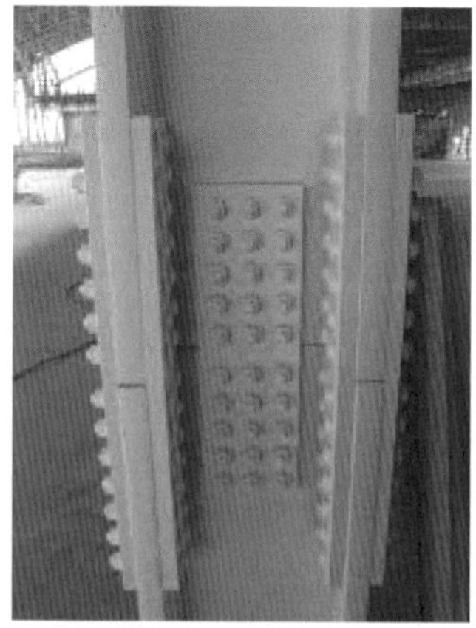

그림 8.3 H형강 기둥 볼트이음

8.2 부재의 접합

기둥-보 접합은 기둥-보 간의 하중전달 방식에 따라 다음과 같이 단순접합(핀접합)과 모멘트접합(강접합)으로 구분할 수 있다.

8.2.1 단순접합, 핀접합 (Pin Connection)

단순접합에서 휨모멘트는 무시할 정도로 작아 전달되지 않고, 축력과 전단력 또는 전단력만을 전달한다고 가정하는 접합이다. 단순접합은 부재간의 접합점(Joint)이 이동단(Roller) 및 핀(회전단, Pin, Hinge)으로 결합이 되며, 핀(Pin)으로 결합이 된 부재의 접합점을 활절(Hinge Joint, Pin Joint)이라고도 한다. 그림 8.4는 실무에서 작성하는 핀접합(Pin Connection)의 표기를 보여주고 있다.

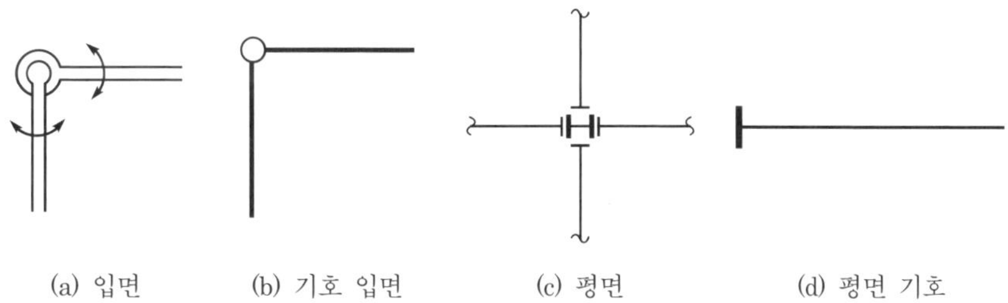

그림 8.4 핀접합(Pin Connection)의 표기 사례

단순접합의 형태를 알아보면 그림 8.2.2(a)에서 이동단은 수직방향의 전단력만 전달하고, 회전단은 축력과 전단력을 둘 다 전달한다. 회전단의 경우 일부 휨모멘트가 전달되기는 하지만 그 값이 작아 무시하고, 구조해석시 회전이 구속되지 않는 것으로 가정한다. 따라서, 단순접합부가 적용된 보 부재에 등분포 하중이 작용한다고 가정할 때 그림 8.5(b)와 같은 휨모멘트 분포가 나타나게 된다.

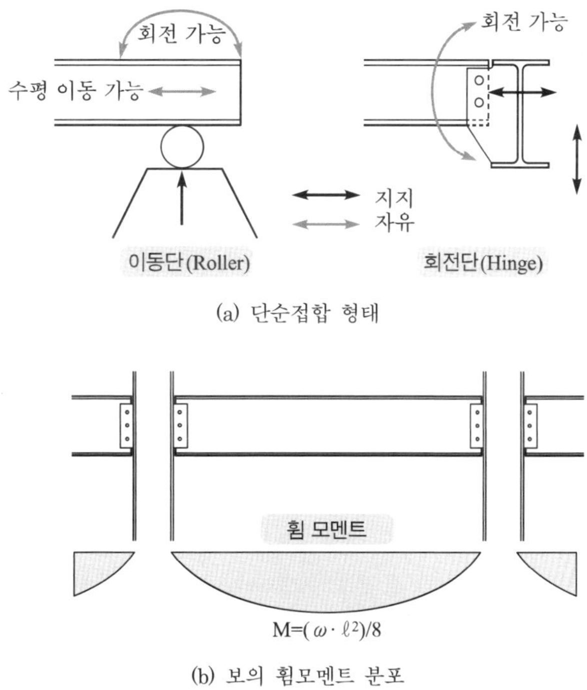

그림 8.5 단순접합의 구조적 거동

그림 8.6은 휨모멘트가 전달되지 않는 보의 전단접합의 다양한 유형을 보여주고 있는데, 이 접합은 전단력만을 전달하기 때문에 작은 보의 웨브(Web)만을 기둥과 큰보에 접합시킨 것을 볼 수 있다. 그림(a)는 기둥에 용접을 통하여 연결된 단일플레이트에 H형강 보의 웨브(Web)부분을 고장력볼트로 접합한 전단접합을 보여주고 있다. 이처럼 기둥과 보가 꼭 모멘트접합일 필요는 없다. 그림(b)와 (c)는 큰보(Girder)와 작은보(Beam)의 전단접합으로, H형강의 웨브(Web)에 접합재로 단일플레이트와 ㄱ형강을 사용한 사례이다.

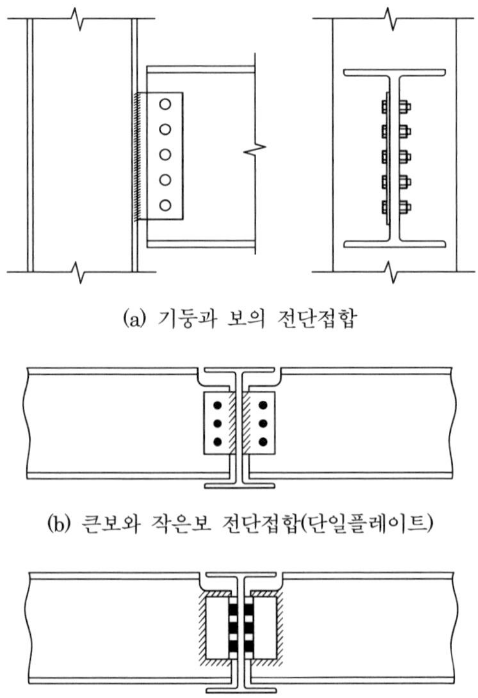

(a) 기둥과 보의 전단접합

(b) 큰보와 작은보 전단접합(단일플레이트)

(c) 큰보와 작은보 전단접합(웨브 ㄱ형강)

그림 8.6 보의 전단접합

예제 8.1

단순접합, 핀접합에 대한 설명으로 알맞지 않는 것을 고르시오.

① 단순접합에서 휨모멘트는 무시할 수 있다.
② 기둥-보 접합은 기둥-보 간의 하중전달 방식에 따라 다음과 같이 단순접합(핀접합)과 모멘트접합(강접합)으로 구분할 수 있다.
③ 기둥-보 접합은 모멘트접합이여야만 한다.
④ 단순접합은 축력과 전단력 또는 전단력만을 전달한다고 가정하는 접합이다.

풀이

③ 기둥-보 접합에서도 단순접합(핀접합)이 가능하다.

8.2.2 모멘트접합, 강접합 (Rigid Connection)

모멘트접합부는 단순접합과 달리 축력, 전단력과 더불어 휨모멘트를 전달한다. 이때 부재간의 접합을 강하게 결합하여 부재가 회전하지 못하게 한 절점으로 강절(Rigid Joint)이라고도 한다. 그림 8.7은 강절의 표기사례를 보여주고 있다.

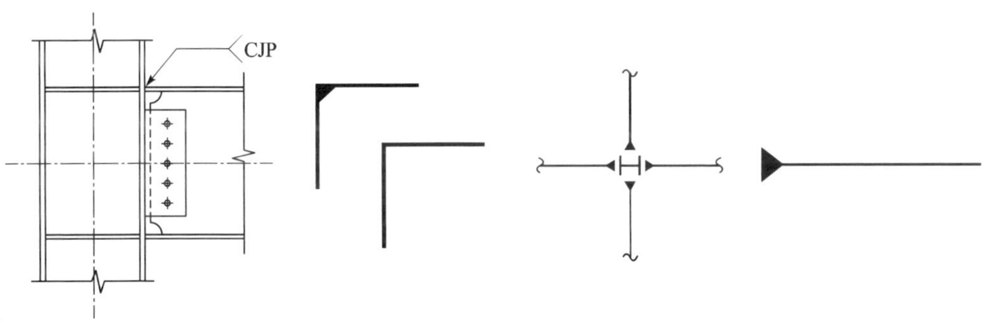

(a) 입면 (b) 기호 입면 (c) 평면 (d) 평면 기호

그림 8.7 강구조 강절(Rigid Joint)의 표기

한편 모멘트접합은 그림 8.8과 같이 접합부의 구속정도에 따라 부재간의 접합점이 강하게 결합되어 접합부의 회전이 무시할 정도로 작은 그림(a)의 완전 모멘트접합과 부재간의 접합점이 비교적 약하

게 결합되어 접합부의 회전을 무시하지 못할 정도인 그림(b)의 부분 모멘트접합으로 구분할 수도 있다.

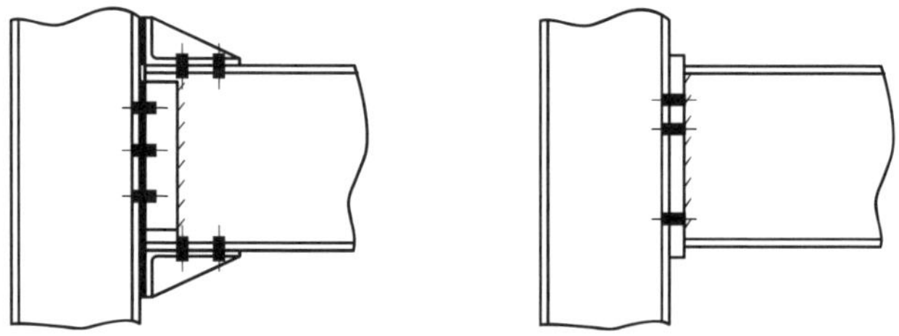

(a) 완전 모멘트접합 (b) 부분 모멘트접합

그림 8.8 구속도에 따른 접합부 구분

기둥-보 모멘트접합부에서는 보에서 작용하는 휨모멘트가 전달되기 때문에 그림 8.9와 같이 기둥과 접합되는 단부에서 보 부재는 부모멘트가 발생하고, 보의 중앙부에서는 정모멘트가 발생한다.

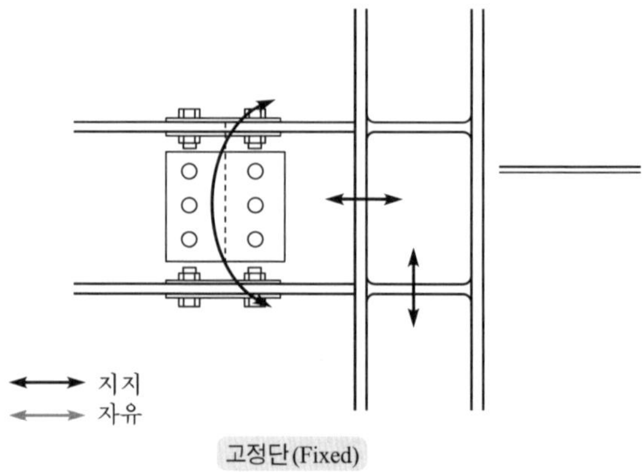

(a) 강접합(모멘트접합) 형태

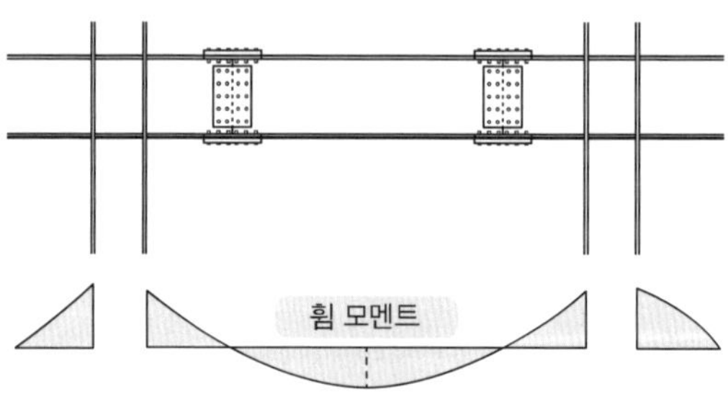

(b) 보의 휨모멘트 분포

그림 8.9 강접합 예시 및 휨모멘트 분포

부분 모멘트접합에서는 접합부에서의 부분적인 회전을 허용하기 때문에 부분 모멘트접합부에서의 휨모멘트는 완전 모멘트접합의 단부 부모멘트보다 크기가 작다.

작은보, 큰보 및 트러스 부재의 모멘트접합은 축력과 전단력뿐만 아니라 접합부의 휨강성으로 인하여 유발되는 휨모멘트와의 조합력에 대해서 설계를 해야 하기 때문에 주의하여 설계해야 한다.

그림 8.10은 H형강을 사용한 기둥과 보의 강접합(모멘트접합)의 다양한 유형을 나타내고 있는데, 보의 휨모멘트를 기둥에 전달하기 위해서는 보의 웨브(Web) 뿐만 아니라 플랜지(Flange)를 기둥에 강하게 접합시켜고 있음을 알 수 있다.

그림 8.10(a)는 보의 플랜지(Flange)를 기둥에 바로 용접한 유형, 그림(b)는 플레이트를 덧대서 용접한 유형, 그림(c)는 플레이트를 덧대고 고장력볼트로 접합한 유형, 그림(d)는 T형강을 이용하여 고장력볼트로 접합한 유형, 그림(e)는 엔드플레이트(End Plate)를 사용하여 접합한 유형으로, 일반적으로 그림(a), (c)유형이 현장에서 가장 많이 적용되는 강접합 상세이다.

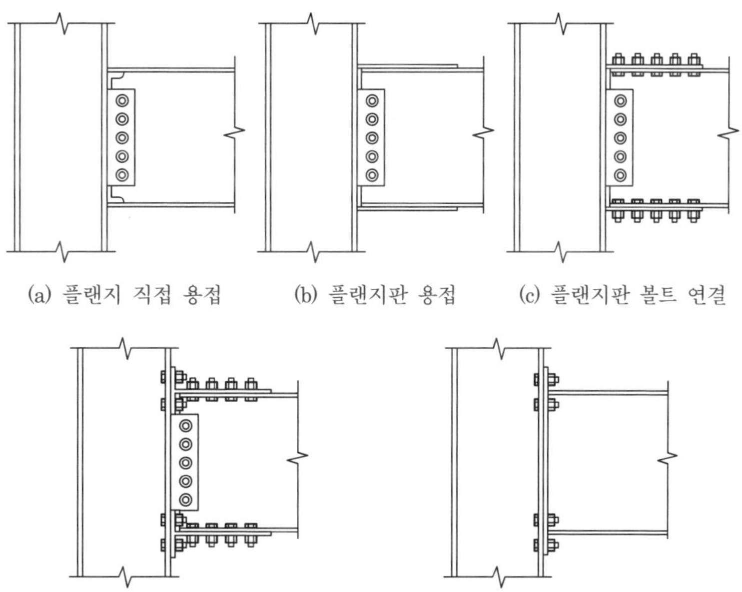

(a) 플랜지 직접 용접 (b) 플랜지판 용접 (c) 플랜지판 볼트 연결

(d) T형강 볼트 연결 (e) 확장형 단부판

그림 8.10 모멘트접합(Rigid Connection)의 유형

그림 8.11은 각종 강재기둥과 큰보(Girder)의 강접합의 유형을 보여주고 있다.

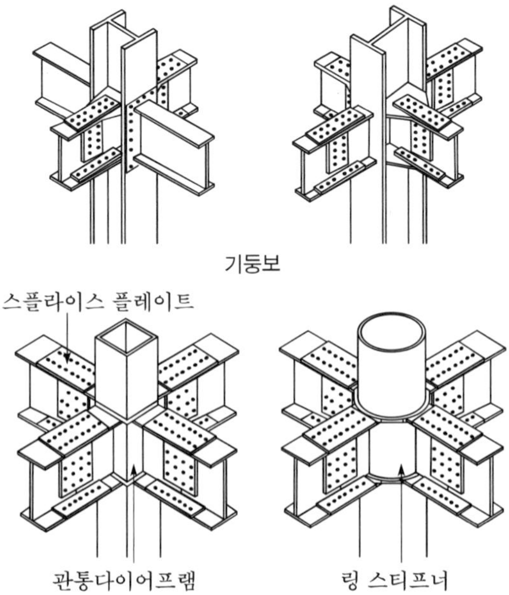

그림 8.11 강재기둥과 큰보의 접합부

예제 8.2

모멘트접합, 강접합에 대한 설명으로 알맞지 않는 것을 고르시오.

① 모멘트접합은 완전 모멘트접합과 부분 모멘트접합으로 구분할 수 있다.
② 모멘트접합시 기둥과 접합되는 단부에서 보 부재는 정모멘트가 발생하고, 보의 중앙부에서는 부모멘트가 발생한다.
③ 모멘트접합에서 부재간의 접합을 강하게 결합하여 부재가 회전하지 못하게 한 절점을 강절(Rigid Joint)이라고도 한다
④ 모멘트접합부는 단순접합과 달리 축력, 전단력과 더불어 휨모멘트를 전달한다.

풀이

② 기둥과 접합되는 단부에서 보 부재는 부모멘트가 발생하고, 보의 중앙부에서는 정모멘트가 발생한다.

8.3 부재의 이음

강구조에서 부재간 이음은 인접한 두 부재 사이에서 강도, 강성, 연성 변화에 의한 영향을 최소화하며 부재 사이 응력 전달을 원활히 하는데 목적을 두고 있다. 이음부는 용접, 볼트 또는 이들의 조합으로 구성된다.

8.3.1 보의 이음

보 부재는 이음을 하지 않는 것이 이상적이지만, 실제 강구조설계에서는 다음 두 가지 이유로 인하여 보의 이음을 한다.

첫 번째는 보의 스팬이 길기 때문에 강재부재의 가공, 운반, 설치 등의 용이성을 고려하여 보 부재를 적당한 길이로 공장에서 제작하여 현장에 운반한 후 보의 이음을 하는 경우이다. 그림 8.12는 고장력볼트를 이용한 강재보의 이음을 나타낸다.

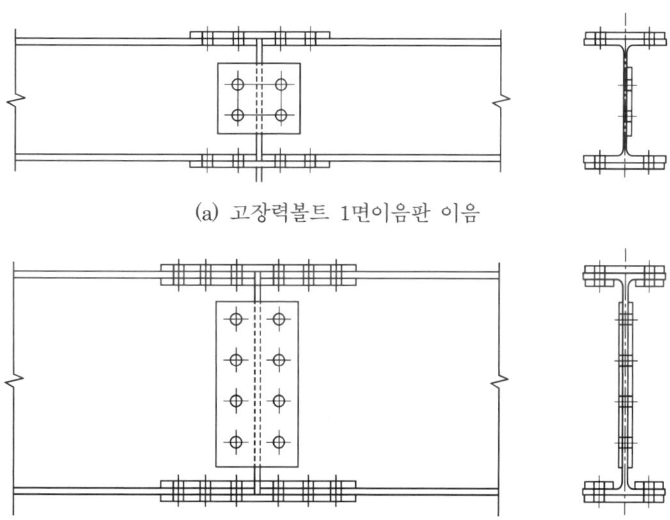

(a) 고장력볼트 1면이음판 이음

(b) 고장력볼트 2면 이음판 이음

그림 8.12 고장력볼트를 이용한 강재보의 이음

두 번째는 보의 길이가 운반 및 설치에 지장이 없으나 기둥-보 접합부의 구조 및 시공성을 고려하여 기둥에 보의 일부를 공장에서 접

합한 브래킷(Bracket)형식에 보의 단부 가까이에서 보를 이음하는 경우이다. 그림 8.13는 브래킷형식의 기둥-보 이음부의 형상을 나타낸다.

이음 방식은 전달되는 부재력의 종류, 부재 형상(폐단면, 개단면), 하중 특성(정하중, 동하중 또는 반복하중), 강성에 따라 결정된다.

그림 8.13 브래킷 형식의 기둥-보 이음부

1) 용접 이음

그루브(맞댐) 용접 이음은 단면 손실이 없이 전단면에 있어 연속성이 유지되기 때문에 강도와 강성을 유지하는데 가장 적합한 방식이다. 그림 8.14(a)는 그루브용접이음 접합부의 형상을 나타낸다. 그러나 용접을 위해 부재접촉면 강판에 그루브를 형성해야 하며, 온도, 바람 등을 제어하며 용접을 해야하는 어려움이 있다.

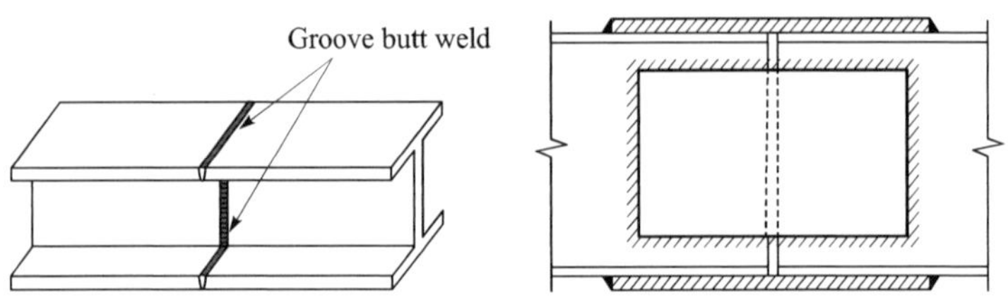

(a) 그루브(맞댐) 용접 이음 (b) 덧판 용접 이음

그림 8.14 강재 부재의 용접이음

덧판 용접이음은 그림 8.14(b)와 같이 판을 맞대어 놓고 그 위에 덧판을 대어 용접으로 이어 붙이는 방법으로 덧판과 이음되는 부재는 필릿용접으로 연결된다. 이음되는 부재와 덧판 사이 불연속 부분에서 응력집중이 발생하게 되며, 이로 인해 반복하중을 받는 구조에는 적합하지 않다.

또한, 서로 다른 두께의 그루브용접 이음부에서는 그림 8.15와 같이 표면 기울기가 1/2.5 이하가 되도록 하여 응력이 원활하게 전달되도록 해야한다.

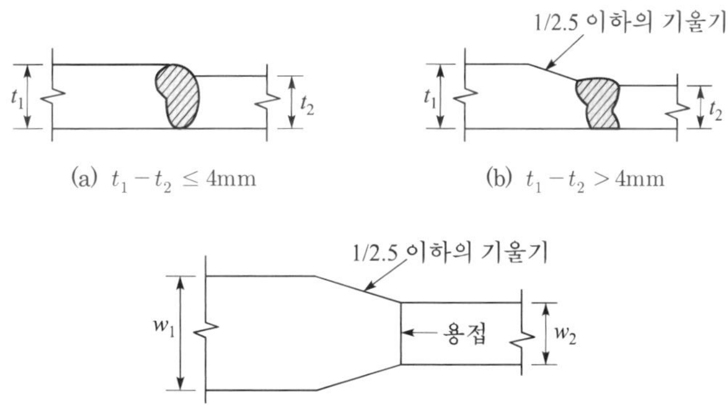

그림 8.15 서로 다른 두께의 그루브 용접 이음부

2) 볼트 및 용접 병용 이음

볼트 이음은 볼트 축방향과 작용하중 방향이 수직한 경우 지압이음(Bearing-type Connections) 또는 마찰이음(Slip-resistant Connection)으로 구분하고 그림 8.16(a), (b)와 같이 이음판의 개수에 따라 1면, 2면 이음판 이음으로 구분한다. 그림 8.16(c)와 같이 볼트 축방향과 하중방향이 평행한 경우 인장이음(Bolted End-plate Connection)이라 한다.

마지막으로 그림 8.16(d)와 같이 웨브를 고장력볼트로 접합하고 플랜지를 용접하는 등 볼트와 용접을 병용하는 이음이 있다. 병용이음에서는 용접시 열변형 특성을 감안하여 볼트를 먼저 체결한 후 용접을 실시한다. 다만, 플랜지가 두꺼워 용접량이 크고 그에 따른 열변형이 비교적 큰 경우 볼트 1차 조임, 용접, 밀착조임 순서를 적용하는 등 용접부 균열 결함 발생 가능성을 낮추기 위한 주의가 필요하다.

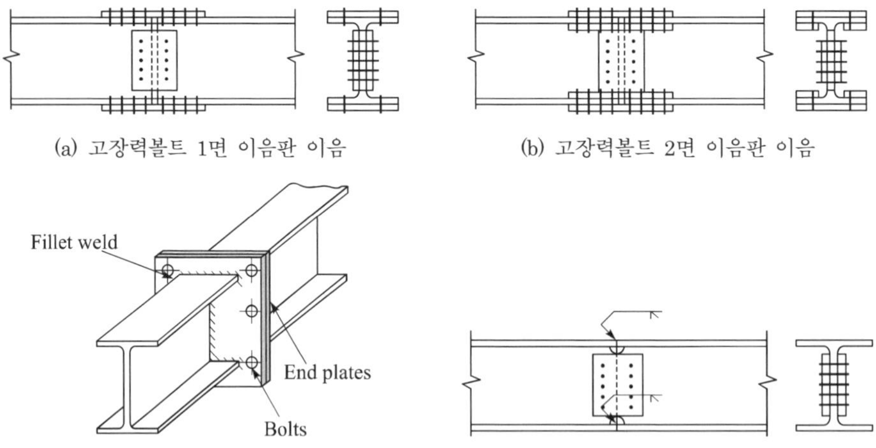

(a) 고장력볼트 1면 이음판 이음 (b) 고장력볼트 2면 이음판 이음

(c) 볼트 인장접합 이음 (d) 고장력볼트와 용접이음 병용

그림 8.16 강재보의 다양한 이음

그림 8.17은 강재보의 웨브(Web)는 고장력볼트로, 플랜지(Flange)는 용접으로 접합한 보의 병용이음부는 보여주고 있는데, 이것도 모멘트접합에 해당된다.

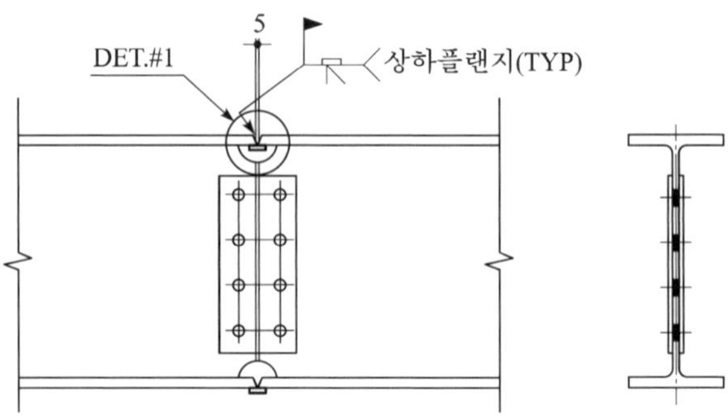

그림 8.17 고장력볼트와 용접의 병용이음부

예제 8.3

강재보의 이음에 대한 설명으로 알맞지 않는 것을 고르시오.

① 기둥에 보의 일부를 공장에서 접합한 브래킷(Bracket)형식에 보의 단부 가까이에서 보를 이음하는 경우도 있다.

② 그루브(맞댐) 용접 이음은 단면 손실이 없이 전단면에 있어 연속

성이 유지되기 때문에 강도와 강성을 유지하는데 가장 적합한 방식이다.

③ 이음되는 부재와 덧판 사이 불연속 부분에서는 응력집중이 발생하게 되며, 이로 인해 반복하중을 받는 구조에는 적합하지 않다.

④ 이음부는 용접, 볼트가 서로 병용될 수 없다.

풀이

④ 볼트 및 용접의 병용 이음은 가능하다.

8.3.2 기둥의 이음

기둥의 이음은 응력이 작은 곳에 설치하며, 공사현장에서 이음위치는 제작, 운반, 시공 및 경제성을 고려하여 2~3층을 1 단위(절)로 하여 바닥판 위 1m 전후의 높이에 일정하게 설치하는 것이 일반적이다.

기둥이음의 종류는 그림 8.18과 같이 고장력볼트접합(a), 고장력볼트와 용접접합의 혼용(b), 용접접합(c) 등의 3종류가 있다.

그림 8.18(a)①은 단면 차이가 거의 없어 직접 이음판을 댄 경우이고, (a)②는 플랜지 두께의 차이를 끼움판(Filler Plate)으로 줄인 후 이음판을 댄 경우이고, (a)③은 단면 춤의 차이 때문에 맞댐판(Butt Plate)을 사용한 경우이다.

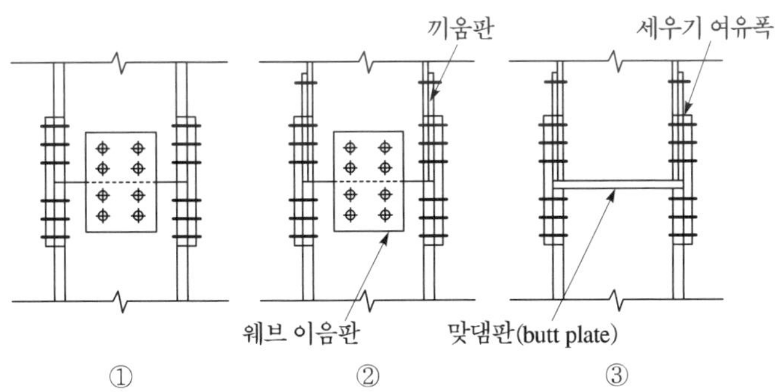

(a) 기둥의 고장력볼트이음

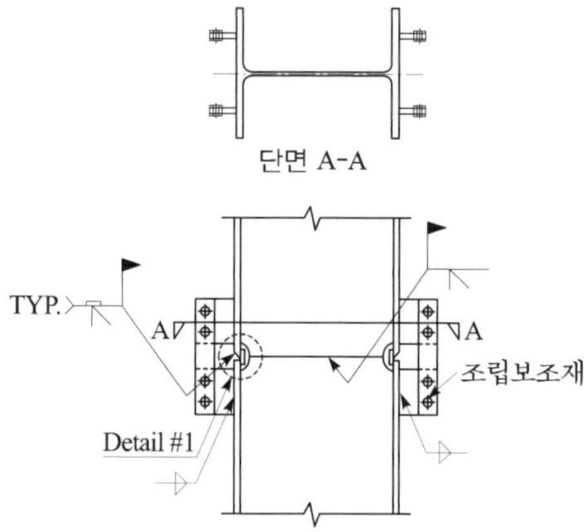

그림 8.18 기둥의 다양한 이음

예제 8.4

강재기둥의 이음에 대한 설명으로 알맞지 않는 것을 고르시오.

① 현장에서 이음위치는 제작, 운반, 시공 및 경제성을 고려하여 2~3층을 1 단위(절)로 하여 바닥판 위 1m 전후의 높이에 일정하게 설치하는 것이 일반적이다.

② 기둥 이음시 단면 춤의 차이가 나는경우 때문에 맞댐판을 사용할 수 있다.

③ 기둥이음의 종류는 고장력볼트와 용접접합의 혼용, 용접접합 2종류가 있다.

④ 강재기둥의 이음은 존재응력이 작은 곳에 설치한다.

풀이

③ 기둥이음의 종류는 고장력볼트접합, 고장력볼트와 용접접합의 혼용, 용접접합 등의 3종류가 있다.

8.4 주각부

주각부(Column Base)는 강구조에서 기둥의 최하부로, 주각은 기둥에서 전달되는 하중과 모멘트를 기초로 전달하는 부분이며 주각의 지점상태에 따라 고정단(Fixed Support), 회전단(Hinged Support, Pin Support), 이동단(Roller Support), 부분고정(Partial Fixed Support) 등이 있다.

주각의 지점은 보통 회전단이나 고정단으로 많이 설계되며, 회전단으로 설계할 경우 주각에는 기둥의 축력과 전단력이 작용하지만, 고정단에는 축력과 전단력 뿐만 아니라 모멘트가 추가적으로 작용하므로 고정단 주각 설계시에는 이에 대한 엔지니어의 추가적인 고려가 필요하다.

고정단 형식의 대표적인 주각형식으로는 노출형, 밑둥고착형, 기초매립형 등이 있다. 그림 8.19(a)는 일반적으로 사용되는 H형강의 노출형 고정단 주각부를 보이며, 그림 8.19(b)는 캔틸레버 형태의 기둥 하부 구조상세로 원형강관(Steel Pipe) 하부를 기초에 매립하여 고정단을 만든 형상을 나타낸다.

이때, 주각부를 설계시 베이스플레이트를 회전단(핀 주각)으로 설계하면 기초부에서 모멘트에 대해 고려하지 않아도 되기 때문에 상부구조물량은 약간 증가하지만, 주각부의 시공이 간편해지며 주각 및 기초의 구조물량을 절감시킬 수 있다.

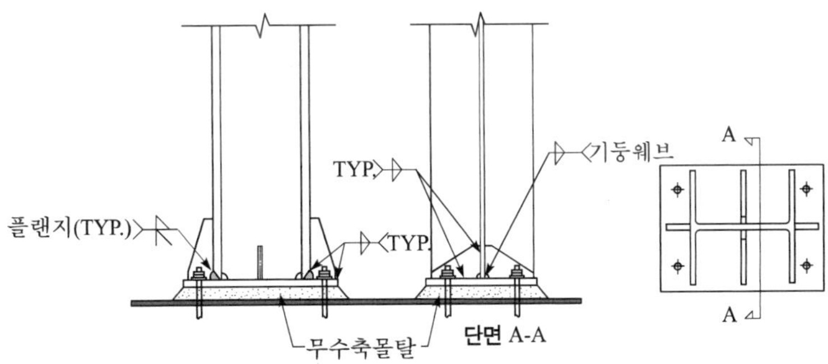

(a) H형강 고정단 주각부(노출형)

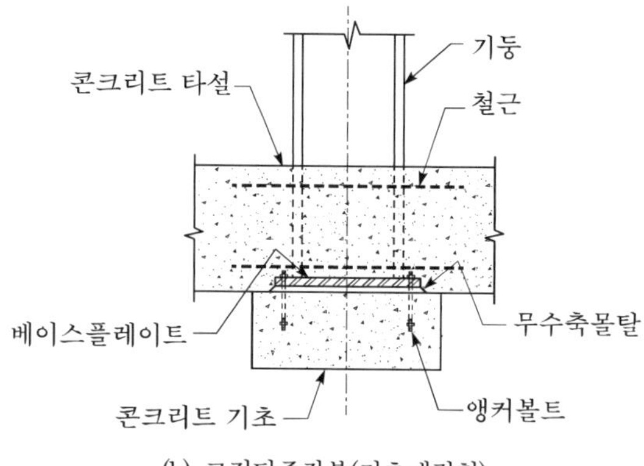

(b) 고정단주각부(기초매립형)

그림 8.19 실제 구조물에서의 고정단 주각부

그림 8.20은 강구조물에서 자주 쓰이는 H형강 기둥의 핀주각부를 나타내고 있다.

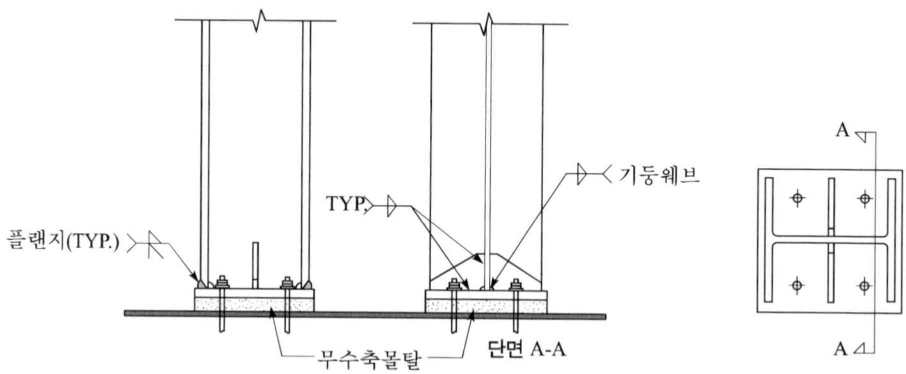

그림 8.20 실제 구조물에서의 H형강 핀 주각부

또한 주각부에서는 기초 콘크리트에 지압응력이 잘 분포되도록 충분한 면적과 두께를 갖는 베이스플레이트를 필요로 한다. 기둥의 축방향력을 기초에 전달하기 위해서는 베이스플레이트와 기초면의 밀착이 중요하다. 그러나 기초 콘크리트면은 일반적으로 평활하지 않으므로 베이스플레이트를 직접 기초 콘크리트면에 밀착시키는 것은 곤란하다. 일반적으로 베이스플레이트를 앵커볼트에 가조립한 후 베이스플레이트 밑면에 무수축 모르타르로 충전시켜 기초 콘크리트와 베이스플레이트를 밀착시킨다. 이러한 모르타르의 충전에 따라

주각의 성능에 크게 영향을 미치기 때문에 시공 시 상당히 주의해야 한다. 강구조의 주각은 그림 8.20과 같은 여러 가지 형식이 있다.

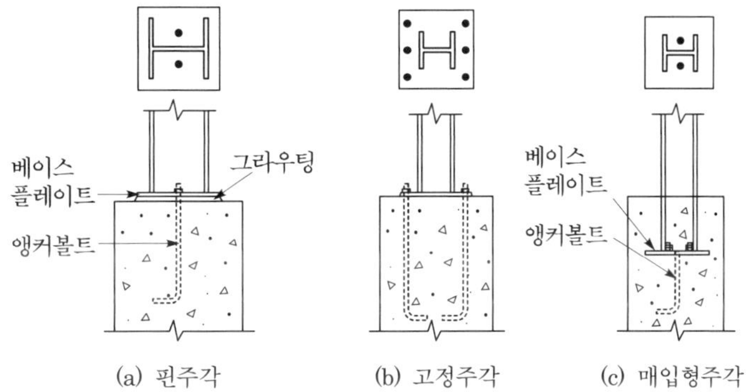

그림 8.21 주각의 형태

예제 8.5

강구조의 주각부에 대한 설명으로 알맞지 않는 것을 고르시오.

① 기둥의 축방향력을 기초에 전달할 때, 베이스플레이트와 기초면의 밀착은 중요하지 않다.
② 주각의 지점을 회전단으로 설계할 경우 주각에는 기둥의 축력과 전단력만 작용한다.
③ 주각부(Column Base)는 강구조에서 기둥의 최하부를 뜻하며 기둥에서 전달되는 하중과 모멘트를 기초로 전달하는 부분이다.
④ 주각부에서는 기초 콘크리트에 지압응력이 잘 분포되도록 충분한 면적과 두께를 갖는 베이스플레이트를 필요로 한다.

풀이

① 기둥의 축방향력을 기초에 전달하기 위해서는 베이스플레이트와 기초면의 밀착이 중요하다. 일반적으로 베이스플레이트 밑면에 무수축 모르타르로 충전시켜 기초 콘크리트와 베이스플레이트를 밀착시킨다.

연습문제

1) 부재의 접합부에 대한 설명으로 알맞지 않는 것을 고르시오.

① 강구조는 하중의 전달 및 설계, 제작, 운반, 현장에서의 시공상 여건 등의 이유로 구조부재간 이음과 접합의 연결부를 갖는다.
② 기둥과 보의 연결과 큰보와 작은보의 연결을 접합으로 구분하여 기둥-보 접합, 큰보-작은보 접합이라고 부른다.
③ 강구조 접합부는 거셋플레이트(Gusset Plate), 브래킷(Bracket) 등의 접합요소가 용접 또는 고장력볼트를 통하여 구조부재에 접합된다.
④ 보-보, 기둥-기둥과 같이 동일 부재간의 연결도 접합으로 구분한다.

[답] ④

2) 부재의 접합에 대한 설명으로 알맞지 않는 것을 고르시오.

① 기둥-보 접합은 기둥-보 간의 하중전달 방식에 따라 단순접합(핀접합)과 모멘트접합(강접합)으로 구분할 수 있다.
② 단순접합은 부재간의 접합점(Joint)이 이동단(Roller) 및 핀(회전단, Pin, Hinge)으로 결합이 된다.
③ 모멘트접합부는 단순접합과 달리 축력, 전단력과 더불어 휨모멘트를 전달한다.
④ 전단력만을 전달하는 단순접합(전단접합)의 경우 작은보의 웨브와 플랜지를 모두 기둥과 큰보(Girder)에 접합시켜야 한다.

[답] ④

3) 보 및 기둥의 이음에 대한 설명으로 알맞지 않는 것을 고르시오.

① 강재보의 웨브와 플랜지를 접합한 이음부는 단순접합(핀접합)에 해당된다.
② 강재기둥의 이음은 응력이 작은 곳에 설치한다.
③ 강재기둥 이음의 종류는 고장력볼트접합, 고장력볼트와 용접접합의 혼용, 용접접합 등의 3종류가 있다.
④ 강구조에서 부재간 이음은 인접한 두 부재 사이에서 강도, 강성, 연성 변화에 의한 영향을 최소화하며 부재 사이 응력 전달을 원활히 하는데 목적을 둔다.

[답] ①

참고문헌

8.1 한국강구조학회 (2014). "하중저항계수설계법에 의한 강구조설계기준", 구미서관

8.2 국토교통부 건축구조기준 (2019). "건축물 강구조 설계기준 KDS 41 31 00 : 2019", 국가건설기준센터

8.3 국토교통부 건축구조기준 (2019). "강구조 공사 KCS 14 31 00 : 2019", 국가건설기준센터.

8.4 한국강구조학회 (2010). "강구조용어사전", 구미서관

8.5 (주)동양구조안전기술 (2017). "실무자를 위한 강구조설계 : KBC 2016 접합부와 이음부설계 예제", 구미서관

8.6 한국강구조학회 (2018). "건축강구조 표준접합상세지침", 구미서관

8.7 한국초고층도시건축학회 (2020). "예제로 배우는 강구조설계"

8.8 (주)하이구조 (2023). "마스터구조역학"

8.9 AISC (2009). "Detailing for Steel Construction", 3rd ed., AISC.

8.10 AISC (2016). "Specification for Structural Steel Buildings", AISC.

8.11 Bjorhovde, R.외 2인 (1995). "Connections in Steel StructuresIII", BPC Wheatons Ltd.

8.12 Gaylord E. H. (1992). "Steel Structures", 3rd ed., McGraw-Hill.

8.13 McCormac, J. (1995). "Structural Steel Design LRFD method", 2nd ed., Harper Collins.

8.14 Owens, G.W, Knowles, P.R. and Dowling, P.J. (1994). "Steel Designer's Manual", Blackwell Scientific Publications.

8.15 Salmon, C. G. Johnson, E.J. and Malhas F.A. (2009). "Steel Structures Design and Behavior", 5th ed., Prentice Hall.

8.16 Segui, W. T. (2013). "LRFD Steel Design", 5th ed., Cengage.

8.17 Tamboli, A. R. (1997). "Steel Design Handbook LRFD Method", McGraw-Hill.

Steel Structures

제9장 합성부재

9.1 개요

합성부재(Composite Members)는 콘크리트, 철근, 강재 등 각기 다른 구조재료들의 장점을 최대한 활용하여 이들을 기하학적으로 조합시키고, 개별 부재간이 서로 합성효과(Composite Effect)를 발휘할 수 있도록 일체화시킴으로써 개개의 성능을 단순히 합산한 것 이상의 효율적인 구조성능을 발휘시키는 복합구조부재라고 할 수 있다.

합성부재는 일반적으로 철근콘크리트(Reinforced Concrete)와 각종 압연형강, 용접 및 조립형강, 강관, 강판, 냉간성형강 등의 강재(Steel)를 조합하여 일체화시킨 부재로, 철골·철근콘크리트부재(Steel Framed Reinforced Concrete Members, SRC부재) 또는 강합성부재로 부르기도 한다.

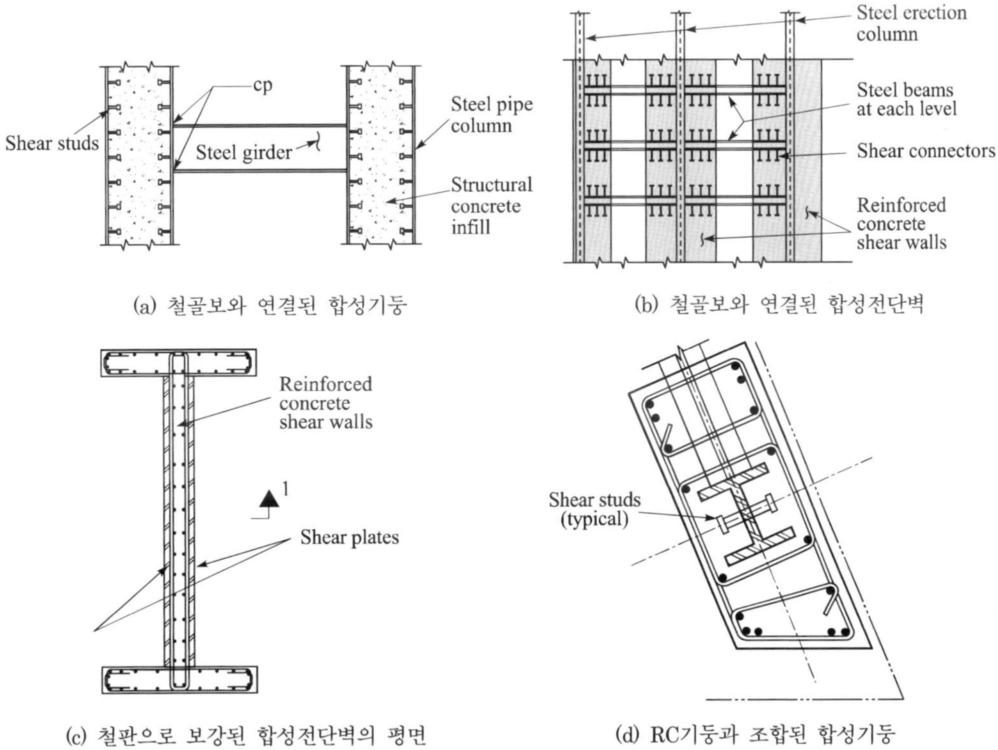

(a) 철골보와 연결된 합성기둥 (b) 철골보와 연결된 합성전단벽

(c) 철판으로 보강된 합성전단벽의 평면 (d) RC기둥과 조합된 합성기둥

그림 9.1 다양한 형태의 합성부재 (Composite Members)

대표적인 합성부재로는 합성슬래브(Composite Slabs), 합성보(Composite Beams), 합성기둥(Composite Columns)이 있으며, 그 외에도 합성트러스, 합성가새, 합성전단벽 등이 사용되고 있다.

그림 9.1은 다양한 형태로 사용된 합성부재들의 예를 보여주고 있다.

합성부재는 초창기에는 내화성능이 취약한 강재를 콘크리트로 보완하기 위해 사용되었으나, 현재는 콘크리트, 철근, 강재, 섬유보강재 등의 역학적 성능을 보다 효율적으로 활용하고 있으며, 거푸집, 동바리 등을 배제할 수 있어서 시공성을 향상시킬 수 있는 각종 구조부재들이 개발되고 있다.

이들 합성부재는 기존의 단일 철근콘크리트 부재와 강구조 부재로서의 각기 가지고 있는 단점들을 극복하고, 장점들을 더욱 부각시킴으로써, 안전성, 사용성, 경제성, 시공편의성을 꾀하는 효율적이고 새로운 구조부재로 미래의 성장가능성이 크다고 할 수 있다.

2023년을 기준으로 국내 토목구조물, 건축물, 공작물 등에 적용할 수 있는 합성부재의 구조설계기준(KDS)은 다음과 같다.

- KDS 14 20 66 합성콘크리트 설계기준 (콘크리트구조설계, 강도설계법)
- KDS 14 30 10 강구조 부재 설계기준 (강구조설계, 허용응력설계법)
- KDS 14 31 10 강구조 부재 설계기준 (강구조설계, 하중저항계수설계법)
- KDS 14 31 60 강구조 내진 설계기준 (강구조설계, 하중저항계수설계법)
- KDS 41 17 00 건축물 내진설계기준 (건축 구조기준)
- KDS 41 30 20 건축물 강합성구조 설계기준 (건축 구조기준)
- KDS 41 40 10 건축물 강-콘크리트합성구조 설계기준 (건축 구조기준)

다만, 대부분 이들 기준의 내용들은 그림 9.2와 같은 H형강과 철근콘크리트를 이용한 고전적인 합성부재들을 대상으로 규정하고 있으므로, 특별하게 개발된 합성부재로, 이들 규정을 따르지 않을 경우에는 별도의 실험 및 해석을 통하여 구조적 안전성, 사용성, 공법 등에 대한 검증을 받아야 한다.

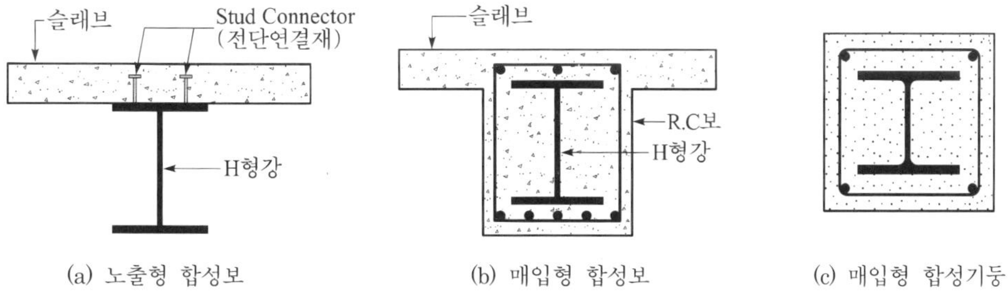

그림 9.2 H형강과 철근콘크리트를 이용한 고전적인 합성부재

KDS 14 31 10 강구조 부재 설계기준(강구조설계, 하중저항계수설계법)과 KDS 41 30 20 건축물 강합성구조 설계기준(건축 구조기준)에 의하면, 합성부재 단면의 공칭강도는 소성응력분포법 또는 변형률적합법에 따라 결정한다.

이때 콘크리트의 인장강도는 무시하고, 매입형 합성부재는 강재의 국부좌굴을 고려할 필요가 없으나 충전형 합성부재는 국부좌굴의 영향을 고려하여야 한다.

9.2 합성슬래브

9.2.1 데크플레이트의 설계

1) 데크플레이트의 용도

데크플레이트(Deck Plate)는 절곡 및 요철 또는 철근트러스와 일체로 결합된 형태의 아연도금강판으로, 특히 하부 거푸집 및 동바리를 배제할 수 있어서 조립식 구조인 강구조의 바닥판으로 많이 사용된다.

이는 데크플레이트가 콘크리트 타설시 슬래브의 하부 거푸집의 역할을 담당하고, 자체의 휨강성이 커서 하부에 동바리(Support)를 설치하지 않을 수 있어서 시공성 향상, 현장 환경개선, 공기 단축, 공사비 절감 등을 꾀할 수 있는 장점이 있기 때문이다.

하지만 데크플레이트는 슬래브의 하부면을 가리고 있어서 콘크리트 균열, 품질 불량, 하자 등이 쉽게 노출되지 않아서 균열보수의 대응이 어렵고, 누수발생시 누수위치를 찾기가 곤란하여 유지관리차원에서는 단점이 있다.

이에 최근에는 콘크리트 경화 후 거푸집인 데크플레이트를 탈형하는 유형들도 다양하게 개발되고 있다.

그림 9.3은 전형적인 골형 데크플레이트가, 그림 9.4는 철근트러스일체형 데크플레이트가 H형강 강재보 위에 설치된 단면을 보여주고 있다.

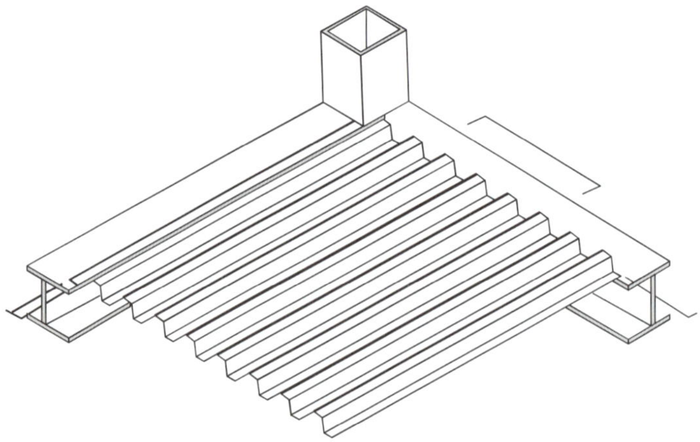

그림 9.3 골형 데크플레이트의 강재보 상부 설치 모습

그림 9.4 철근트러스일체형 데크플레이트의 설치 및 철근배근

2) 데크플레이트의 형상

데크플레이트의 형상은 제조업체에 따라 다양하게 생산되며 제품들은 하중, 경간 등 각 설치조건에 따라 규격화되어있어 조건에 맞게 선택하여 적용한다. 그림 9.5는 다양한 형태의 데크플레이트 형상을 보여주고 있다.

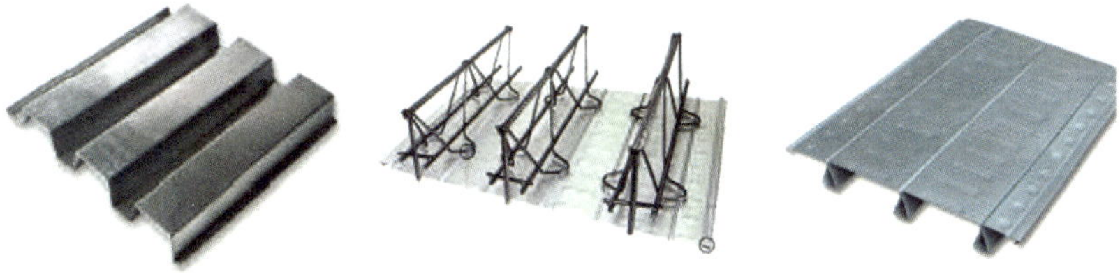

(a) 골형 (b) 철근트러스일체형 (c) 요철형

그림 9.5 데크플레이트의 형상

그림 9.6은 데크플레이트의 춤이 약 200~300mm인 춤이 큰 골형 데크플레이트와 이를 활용한 비대칭 H형강 강재보를 이용한 슬림플로어(Slim Floor)의 구조계획을 보여주고 있다.

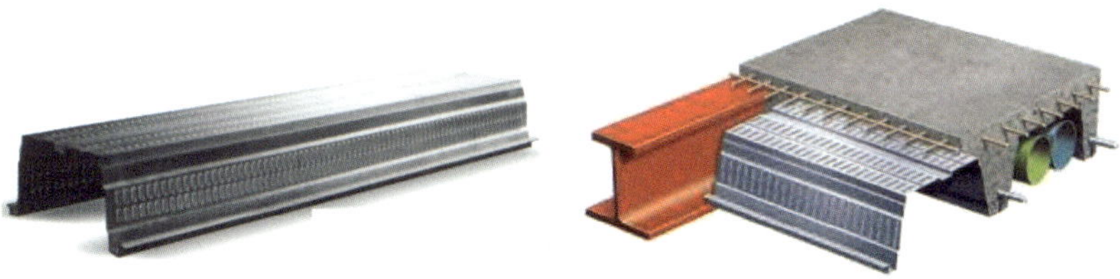

그림 9.6 춤이 큰 골형 데크플레이트와 슬림플로어(Slim Floor)

3) 데크플레이트의 종류

데크플레이트는 하부 강판이 콘크리트 타설시 거푸집용으로만 사용하는 거푸집용 데크플레이트와 거푸집 용도 뿐만 아니라 콘크리트가 경화된 후에는 콘크리트와 일체성이 확보되어 강판이 슬래브의 하부 인장재로서의 역할을 담당할 수 있는 합성슬래브용 데크플레이트로 나눌 수 있다.

거푸집 용도로만 사용되는 데크플레이트를 이용한 슬래브는 현행 내화기준에 의하여 탑핑콘크리트(Topping Concrete) 두께를 최소 100mm 이상 확보해야 하고, 슬래브 속에 철근을 배치하여 철근콘크리트 구조기준에 준하여 구조설계를 진행한다.

합성슬래브용 데크플레이트는 콘크리트 타설시 거푸집 용도 뿐만 아니라 콘크리트와의 일체성 및 합성효과를 확보하기 위하여 강판의 절곡, 요철을 통한 형상개선 및 면의 엠보싱(Embossing) 처리 등의 가공이 추가로 필요하고, 구조실험을 통하여 구조적 안전성을 검증받아야 한다.

4) 거푸집으로의 데크플레이트 설계

데크플레이트는 어떤 경간에 대하여 콘크리트 타설시 거푸집 역할을 해야 할 뿐만 아니라 미경화 콘크리트의 중량 및 작업시 발생하는 시공하중(Construction Load)에 대하여 동바리 없이도 지지할 수 있는지에 대한 휨 내력 및 처짐의 검토가 필요하다.

이에 데크플레이트 그 자체는 종류, 형상, 두께, 강도, 철근배근 등에 따라 1방향성의 휨 부재로서 시공하중 및 동바리의 설치 유무 및 방법에 따라 구조적 안전성과 사용성을 만족하여야 한다. 이때 데크플레이트는 단순지지 또는 연속지지 상태로 내력과 처짐 등을 검토하는데, 필요시 치올림(Camber)을 하거나 동바리(Support)를 설치하기도 한다.

예제 9.1

데크플레이트에 설명으로 알맞지 않는 것을 고르시오.

① 데크플레이트 형상은 골형, 철근트러스일체형, 요철형 등이 있다.
② 데크플레이트는 콘크리트 거푸집의 역할을 담당한다.
③ 데크플레이트의 하부에는 동바리를 설치하지 않는다.
④ 데크플레이트는 합성슬래브용으로 사용되기도 한다.

풀이

③ 데크플레이트는 구조검토에 따라 동바리를 설치할 수도 있다.

9.2.2 합성슬래브의 설계

1) 합성슬래브용 데크플레이트

그림 9.7은 데크플레이트 슬래브의 전단부착파괴를 나타낸 것으로, 이는 휨 거동 시 콘크리트 슬래브와 데크플레이트 사이에 발생하는 수평전단력으로 인한 부착파괴로 미끄러짐 현상이 발생하는 것을 말한다.

합성슬래브용 데크플레이트는 전단부착파괴를 방지하여야 함으로, 표면의 엠보싱(Embossing), 요철, 작은 골, 구속리브(Locking

Rib), 하부판 돌기(Re-entrant) 등을 설치하여 콘크리트와의 부착 성능 및 일체성이 충분히 확보되는 것을 전제로 한다.

따라서 데크플레이트를 슬래브 하부의 인장구조요소로 사용하기 위해서는 공인된 구조 및 내화성능 실험검증(Mock-up Test)을 통하여 안전성을 확인하여야 합성슬래브로 사용할 수 있다.

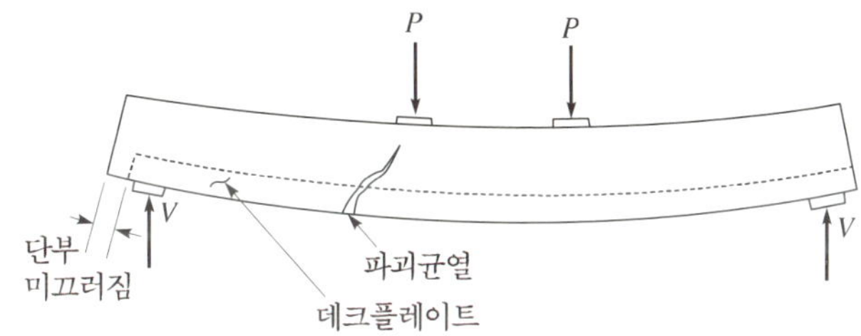

그림 9.7 데크플레이트 슬래브의 전단부착파괴

그림 9.8은 그 동안 우리나라에서 개발되었던 합성용 데크플레이트를 이용한 합성슬래브의 예를 보여주고 있는데, 일반적으로 데크플레이트의 두께가 1.2~1.6mm인 골형 또는 요철형 데크플레이트를 이용한 경우가 많다.

(a) 골형 합성슬래브

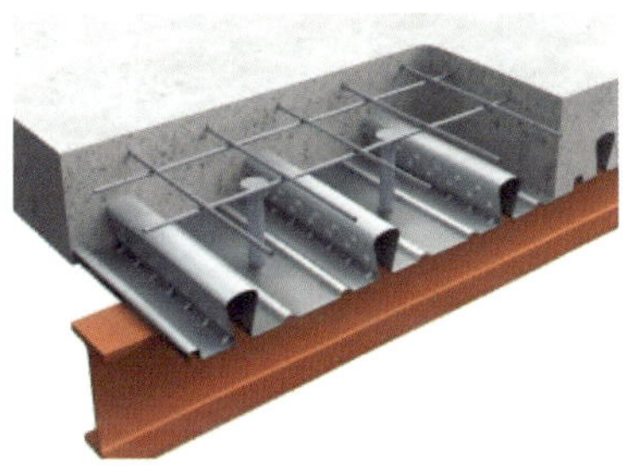

(b) 요철형 합성슬래브

(c) 섬유보강콘크리트와 요철형 합성슬래브

그림 9.8 합성용 데크플레이트를 이용한 합성슬래브

2) 합성슬래브의 강도설계

합성슬래브는 작용하는 하중에 대하여 충분히 저항할 수 있는 내력을 가져야 하는데, 데크플레이트 골방향의 휨강성이 그 직각방향보다 매우 크므로, 골방향의 1방향 슬래브로 보고 설계하는 것이 일반적이다.

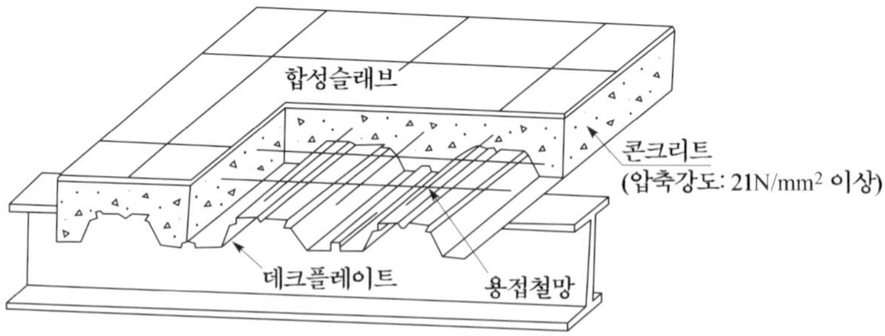

그림 9.9 합성슬래브의 구성 사례

합성슬래브의 데크플레이트는 정모멘트가 작용하는 경간(Span) 중앙부에서 슬래브 하부의 인장보강재로 역할을 담당하고, 경우에 따라 철근, 섬유보강재 등을 추가로 보강하기도 한다.

합성슬래브에 부모멘트가 작용하여 상부 콘크리트에 인장력이 발생하는 연속받침부, 캔틸레버부에는 철근, 용접철망, 섬유보강콘크리트 등 별도의 인장보강재를 추가로 설치한다.

이때 합성슬래브의 설계휨강도는 합성단면의 소성응력분포 또는 변형률적합법에 따라 결정한다.

한편 데크플레이트 골의 직각방향으로는 최소철근비 0.2% 이상의 철근, 용접철망을 배치하거나 섬유보강콘크리트를 사용하여 온도 및 건조수축에 대한 균열, 강성저하, 진동장애 등에 대비한다.

3) 합성슬래브의 처짐 검토

합성슬래브는 장, 단기 처짐이 사용상 유해하지 않도록 충분한 강성을 가져야 하는데, 처짐검토는 데크플레이트과 콘크리트의 환산단면에 의한 단면2차모멘트를 사용하여 각 지점상태에 따라 『콘크리트구조 사용성 설계기준』에 의한 1방향 슬래브에 준하여 검토하는 것이 일반적이다.

9.3 합성보

9.3.1 합성보의 개요

대표적인 합성보는 그림 9.10과 같이 철근콘크리트와 H형강의 강재보를 조합하여 노출된 강재가 슬래브와 일체로 작용하는 노출형 합성보와 강재보가 콘크리트에 완전하게 매입된 매입형 합성보로 크게 나눌 수 있다.

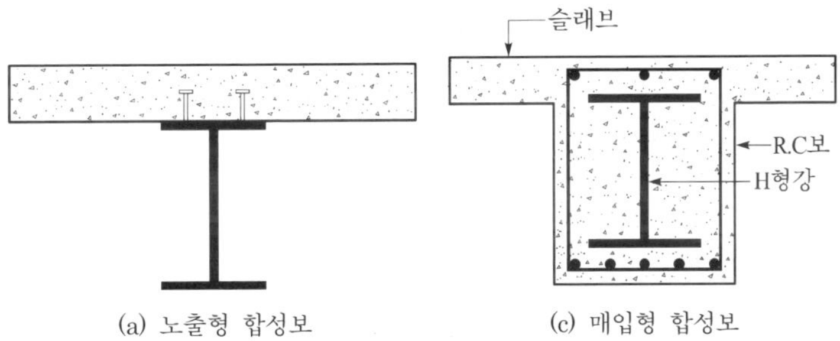

그림 9.10 철근콘크리트와 H형강 강재를 조합한 대표적인 합성보

노출형 합성보는 강재보와 콘크리트 슬래브가 전단연결재(Shear Connector)로 연결되어야 하고, 전단연결재의 사용정도에 따라 완전합성보와 불완전합성보로 나눌 수 있으며, 매입형 합성보는 전단연결재가 없어도 완전합성으로 간주하며 횡좌굴과 강재의 국부좌굴을 고려하지 않아도 된다.

노출형 합성보는 일반 강재보에 비하여 내력 및 휨강성이 우수하여 강재량 및 보의 춤을 줄일 수 있고, 처짐과 진동 등의 사용성 향상에 유리한 장점을 가지고 있다.

매입형 합성보는 노출형 합성보와 달리 매입된 H형강보 외곽에 별도의 거푸집과 동바리가 필요하므로 시공이 번거로울 수 있지만, 콘크리트가 피복역할을 하여 일반적인 강재보나 노출형 합성보에 비해 내구성과 내화성능이 우수하고, 휨강성이 높아 처짐과 진동 제어에 뛰어난 장점이 있다.

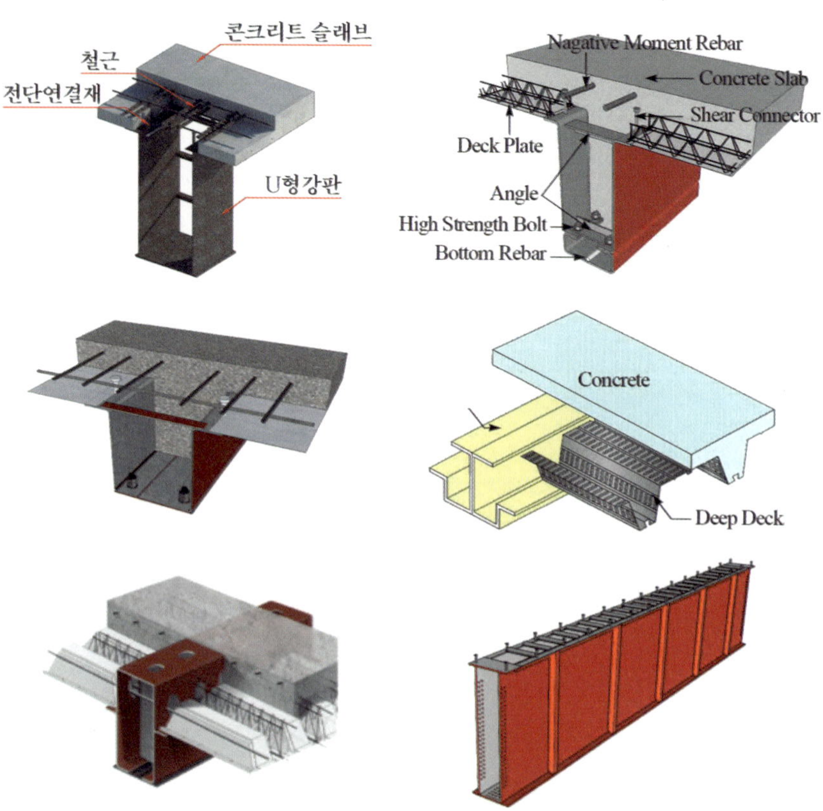

그림 9.11 강판 성형 및 조립을 통한 충전형 합성보

현행 각종 구조설계기준에서 합성보의 규정들이 이들 H형강을 이용한 합성보를 대상으로 기술되어있는 내용들이 주를 이루고 있다. 따라서 구조설계기준의 대상과 범위를 벗어나서 개발되는 합성보는 각종 실험 및 해석을 통하여 내력식과 사용성을 평가하여 안전성, 사용성, 공법 등을 검증하고 현장에 적용해야 할 것이다.

다음은 우리나라에서 개발된 강재의 일부 또는 전체가 노출된 충전형 합성보의 사례들로, 그림 9.11은 강판의 성형 및 절곡한 강재를 이용한 것이고, 그림 9.12는 H형강을 활용한 합성보를 보여주고 있다.

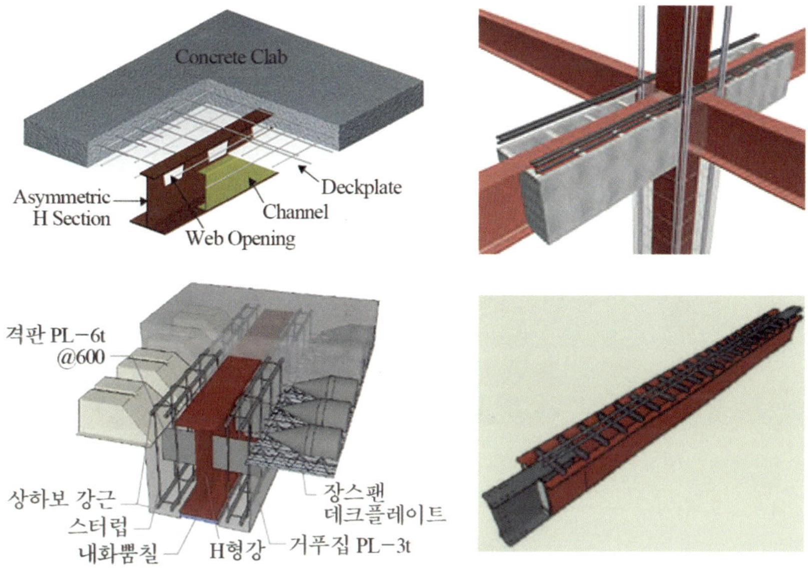

그림 9.12 H형강을 활용한 충전형 합성보

그림 9.13은 우리나라에서 개발된 강재 전체가 콘크리트 속에 매입된 매입형 합성보의 사례들로, H형강 강재보를 프리캐스트 콘크리트(Precast Concrete)와 조합한 것들과 거푸집을 부착한 조립트러스를 설치한 후 현장콘크리트를 타설하고 이후 거푸집을 탈형하여 완성시키는 합성보를 보여주고 있다.

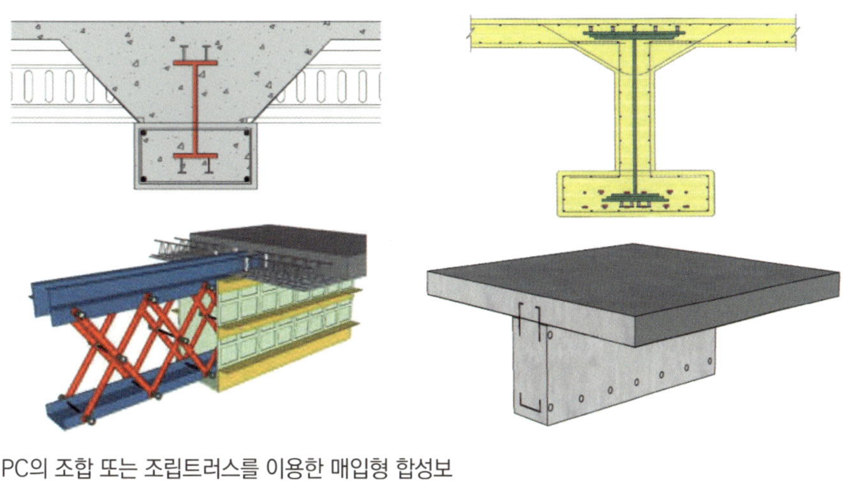

그림 9.13 H형강 & PC의 조합 또는 조립트러스를 이용한 매입형 합성보

그림 9.14는 토목구조물인 강합성교량보의 사례로, 강재보와 함께 강재보의 일부를 프리캐스트 콘크리트(Precast Concrete)로 만들거나, 여기에 추가로 프리스트레스(Prestress)를 도입한 것을 보여주고 있다.

그림 9.14 프리캐스트 및 프리스트레스를 활용한 충전형 강합성교량보

본 장에서는 앞으로 구조설계기준을 토대로 대표적인 H형강을 이용한 노출형 합성보와 매입형 합성보에 대한 내용만을 다루고자 한다.

9.3.2 노출형 합성보

1) 노출형 완전합성보

노출형 완전합성보는 H형강 강재보와 철근콘크리트 슬래브 두 부재가 완전히 합성될 수 있도록 강재보에 전단연결재(강재앵커)가 충분히 사용된 합성보이다.

2) 노출형 부분합성보

노출형 부분합성보는 불충분한 양의 전단연결재가 사용되었기 때문에 H형강 강재보와 철근콘크리트 슬래브 두 부재가 완전히 합성 거동하는 것을 기대하기 힘든 합성보이다.

예제 9.2

노출형 완전합성보 및 부분합성보에 대한 설명으로 알맞은 것을 고르시오.

① 노출형 완전합성보는 불충분한 양의 전단연결재가 사용된 합성보이다.
② 노출형 완전합성보는 H형강 강재보와 철근콘크리트 슬래브가 완전히 합성거동하는 것을 기대할 수 있다.
③ 노출형 부분합성보는 충분한 양의 전단연결재가 사용된 합성보이다.
④ 노출형 부분합성보는 전단연결재가 사용되지 않아도 된다.

풀이

②

3) 노출형 합성보의 유효폭

현행 구조설계기준에 의하면, 노출형 합성보의 콘크리트슬래브의 유효폭(be)은 그림 9.15와 같이 보 중심을 기준으로 좌우 각 방향에 대한 유효폭의 합으로 구해지며 각 방향에 대한 유효폭은 다음 중에서 최솟값으로 한다.

가. 보 스팬(지지점의 중심간 경간 L)의 1/8
(L/8)
나. 보 중심선에서 인접보 중심선까지 거리의 1/2
(아래 그림에서 $S_2/2$, $S_3/2$, $S_4/2$)
다. 보 중심선에서 슬래브 가장자리까지의 거리
(아래 그림에서 S_1)

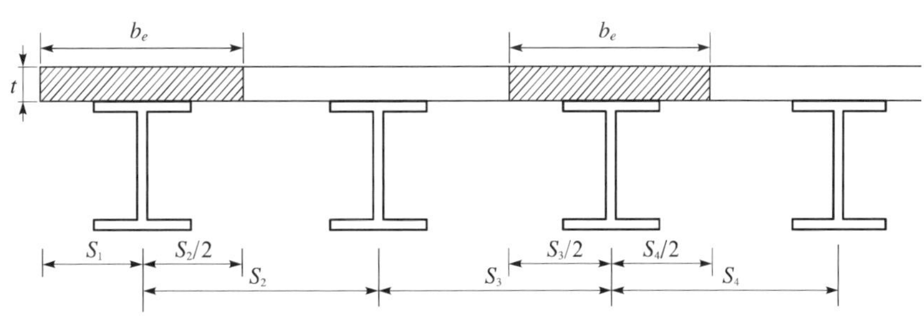

그림 9.15 노출형 합성보의 슬래브 유효폭(b_e)

9.3.3 전단연결재

1) 전단연결재의 종류

전단연결재(Shear Connector, 강재앵커)는 노출형 합성보가 휨을 받을 때, H형강 강재보와 철근콘크리트 슬래브 사이에서 미끄러짐을 방지하고 수평전단력에 저항하는 역할을 한다. 이때, 노출형 합성보에 사용되는 전단연결재의 대표적인 종류로는 아래 그림 9.17과 같은 스터드(Stud) 앵커와 ㄷ형강이 있다.

그림 9.16 강재보 위에 용접되는 전단연결재

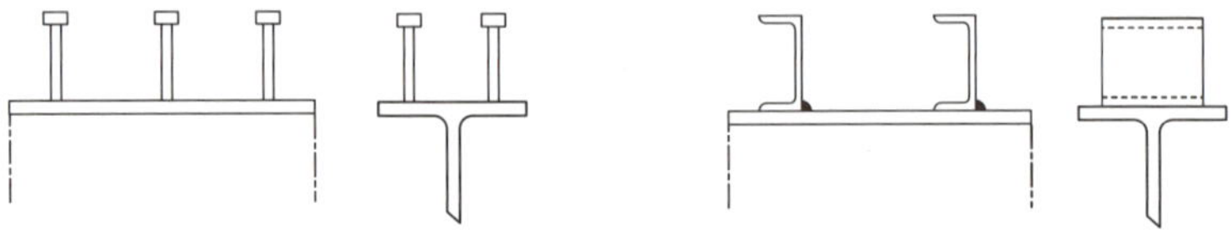

(a) 스터드 커넥터(앵커)　　(b) ㄷ형강 전단연결재(앵커)

그림 9.17 전단연결재의 종류

예제 9.3

전단연결재(강재앵커)에 대한 설명으로 알맞지 않는 것을 고르시오.

① 전단연결재는 노출형 합성보가 휨을 받을 때, 강재보와 철근콘크리트 슬래브 사이에서 미끄러짐을 방지하는 역할이다.
② 전단연결재는 수평전단력에 저항하는 역할을 한다.
③ 노출형 합성보에 사용되는 전단연결재의 대표적인 종류로는 스터드(Stud)앵커와 ㄷ형강이 있다.
④ 전단연결재는 주로 H형강 강재보의 웨브(Web)에 설치된다.

풀이

④ 전단연결재는 주로 H형강 강재보의 상부 플랜지에 설치된다.

2) 전단연결재의 설계

대표적인 노출형 합성보는 H형강 강재보와 철근콘크리트 슬래브라는 2가지 부재로 구성되어 있기 때문에 두 부재가 비합성된 상태에서는 철근콘크리트 슬래브와 강재보가 미끄러짐이 발생하여 개별적으로 하중을 각각 분담한다고 가정한다.

이때, 미끄러짐이란 합성보에 하중이 작용하여 휨변형이 일어나게 되면 두 부재의 하부 면은 각각 인장을 받아 늘어나게 되고 상부 면은 압축을 받아 줄어들게 된다.

따라서 두 부재의 접촉면에서는 미끄럼이 발생하게 된다. 이때, 두 부재의 사이에서는 수평방향으로 작용하는 수평전단력이 발생하게 되며, 이 수평전단력에 저항하는 것이 전단연결재(Shear Connector, 강재앵커)이다.

노출형 합성보에서 강재보와 슬래브면 사이의 전체 수평전단력은 전단연결재에 의해서만 전달된다고 가정하게 된다.

그림 9.19는 H형강 강재보 위에 콘크리트 슬래브가 설치될 때 이들 사이에 전단연결재가 없는 비합성보와 전단연결재가 설치된 노출형 합성보의 구조적 거동을 나타내고 있다.

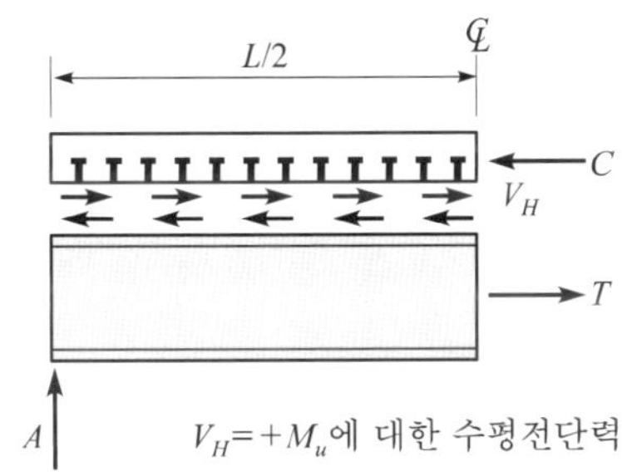

그림 9.18 합성보 휨강도와 수평전단력

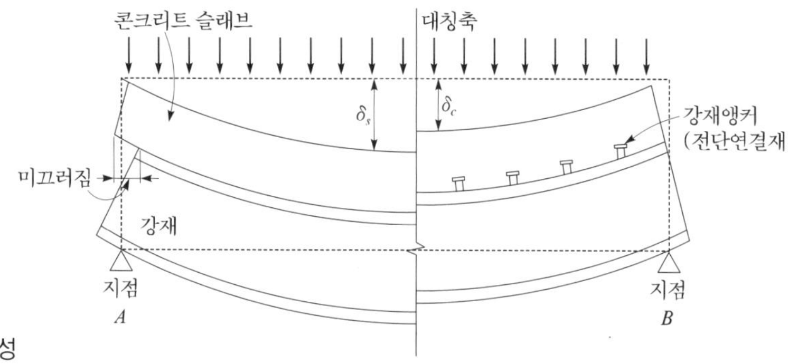

그림 9.19 비합성보와 노출형 합성보의 구조적 거동

9.3.4 전단연결재를 갖는 노출형합성보의 설계휨강도

1) 단면설계방법

① 정모멘트가 작용하는 합성보는 강재보의 웨브가 조밀(콤팩트)단면요소로 고려해야 한다. 이를 만족하는 합성보의 M_n은 합성단면의 항복한계상태에 대해 소성응력분포로부터 설계휨강도를 산정한다.

② 강재보의 웨브가 비조밀(비콤팩트)단면인 경우는 동바리의 영향을 고려하여 항복한계상태에 대해 탄성응력을 중첩하여 구한다.

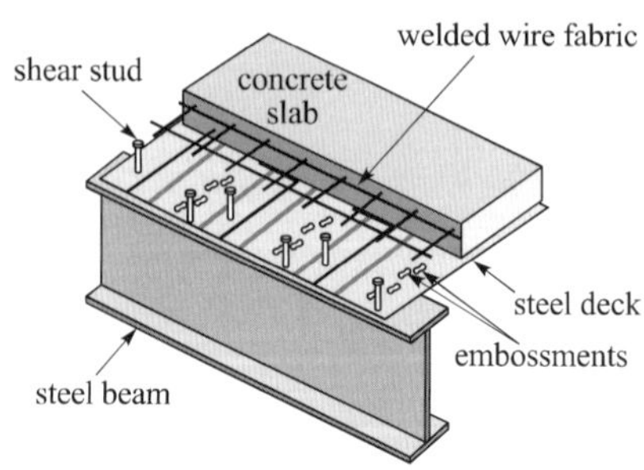

그림 9.20 전단연결재를 갖는 노출형합성보

2) 단면설계시 가정사항

① 골형 데크플레이트를 사용한 합성보에서 데크플레이트의 골방향이 강재보와 평행한 경우 골 내부의 콘크리트는 합성단면의 성능산정에 포함시킬 수 있다. 골방향이 강재보에 직각인 경우에는 합성단면의 성능산정에 포함시킬 수 없다.

② 정모멘트가 작용되고 있는 합성보 단면을 설계할 경우, 콘크리트의 압축응력이 합성보의 유효폭 압축구간에 균등하게 분포하며, 이때 콘크리트의 인장강도는 무시한다.

③ 부모멘트에 대해 합성단면의 소성응력분포를 가정하여 단면을 설계할 경우, 슬래브의 유효폭 내에 적절히 배근된 주철근이 인장응력을 부담하며, 콘크리트의 인장강도는 무시한다.

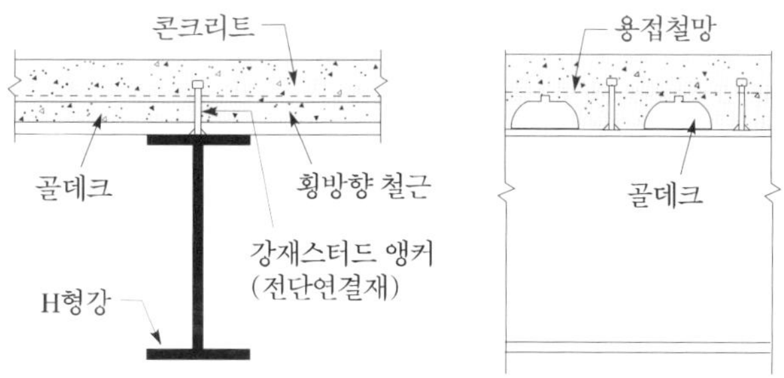

그림 9.21 골형 데크플레이트 슬래브의 노출형 합성보

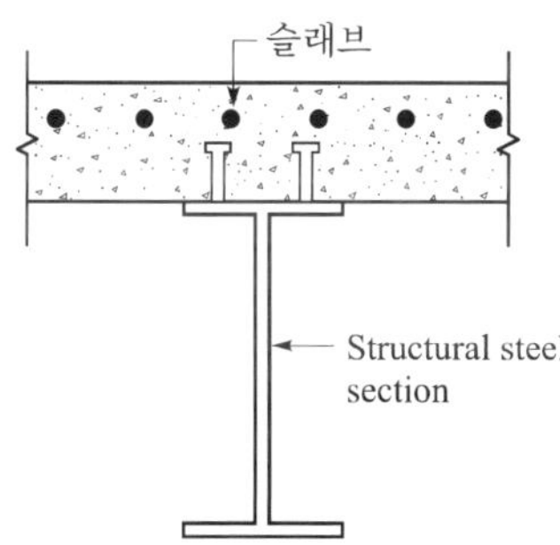

그림 9.22 평판슬래브의 노출형 합성보

3) 정모멘트에 대한 노출형 합성보의 휨강도

정모멘트 구간에서의 설계휨강도는 강재보와 철근콘크리트 슬래브가 합성효과를 통해 구속효과에 의하여 횡좌굴이 발생하지 않는 것으로 산정한다.

이때, 강도저항계수 $\phi_b = 0.90$이며, 공칭휨강도 M_n은 합성단면의 소성응력분포로부터 산정한다.

4) 부모멘트에 대한 노출형 합성보의 설계휨강도

부모멘트에 대한 설계휨강도는 강재단면만을 사용하여 구하거나, 다음과 같은 계수 $\phi_b = 0.90$를 사용하여 항복한계상태에 대해 합성단면의 소성응력분포로부터 구할 수 있다. 다만, 이때에는 다음과 같은 조건들을 만족해야 한다.

① 강재보는 조밀단면이며 횡좌굴에 따라 적절히 횡지지되어야 한다.
② 부모멘트구간에서 콘크리트슬래브와 강재보에 강재 전단연결재로 결합되어야 한다.
③ 유효폭 내의 강재보에 평행한 슬래브철근은 적절히 정착되어야 한다.

예제 9.4

정모멘트가 작용하는 노출형합성보의 설계휨강도에 관한 설명으로 알맞지 않는 것을 고르시오.

① 강재보의 웨브가 조밀(콤팩트)단면요소인 경우를 먼저 고려해야 한다.
② 콘크리트의 압축응력 이 합성보의 유효폭 압축구간에 균등하게 분포하며, 이때 콘크리트의 인장강도는 함께 고려한다.
③ 설계휨강도는 강재보와 철근콘크리트 슬래브가 합성효과를 통해 구속효과에 의하여 횡좌굴이 발생하지 않는 것으로 산정한다.
④ 강재보의 웨브가 비조밀(비콤팩트)단면인 경우는 동바리의 영향을 고려하여 항복한계상태에 대해 탄성응력을 중첩하여 구한다.

풀이

② 콘크리트의 인장강도는 무시한다.

9.3.5 매입형 합성보의 설계휨강도

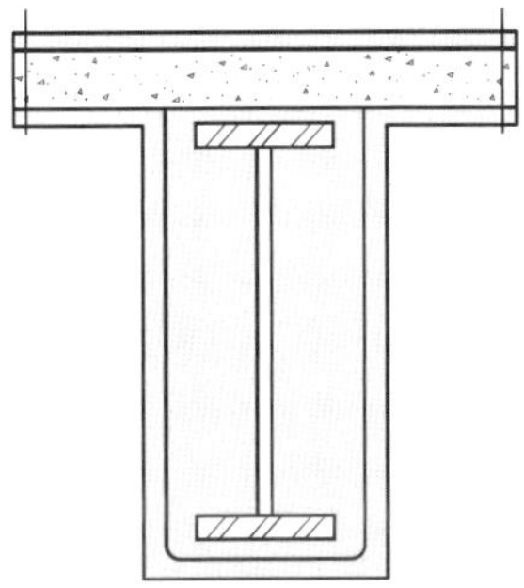

그림 9.23 매립형 합성보

매입형 합성보는 강재보와 철근콘크리트 슬래브가 일체로 콘크리트에 완전히 매입되어 있으므로 설계휨강도 산정 시 완전합성으로 간주할 수 있으며, 횡좌굴 및 국부좌굴에 대해서 고려할 필요가 없다.

매입형 합성보의 구조제한을 만족하는 경우, 강재단면의 항복이 발생하기 전까지 콘크리트와의 부착파괴는 발생하지 않는다. 이후 부착파괴가 일어난 후에도 강재보 자체만의 설계휨강도는 유지할 수 있다.

따라서, 매입형 합성보에서 정모멘트 및 부모멘트의 설계휨강도 $\phi_b M_n$의 산정방법은 다음의 방법들이 모두 허용된다.

- 강재단면만으로 산정하는 경우 (철근 및 콘크리트 효과를 무시)
- 합성단면으로 산정하는 경우 (철근 및 콘크리트 효과를 포함)
- 강재앵커를 사용한 경우

9.3.6 합성보의 설계전단강도

1) 노출형 합성보

노출형 합성보의 전단강도는 안전측으로 강재보 웨브만의 전단강도 규정에 따라 산정한다.

2) 매입형 합성보

매입형 합성보의 설계전단강도 $\phi_v V_n$은 다음 중에서 한 가지 방법으로 구한다.

① 강재보 웨브의 설계전단강도

② 철근콘크리트 단면의 전단강도(강도저항계수 $\phi_v = 0.75$를 사용)

③ 강재보 웨브의 공칭전단강도와 철근의 공칭전단강도의 합
(강도저항계수 $\phi_v = 0.75$를 사용)

9.3.7 합성보의 처짐

합성보의 처짐은 사용하중상태에서 검토되는데, 구조설계기준에서는 합성보의 허용처짐에 대한 명확한 기준이 없다.

다만, 노출형 합성보의 경우, 활하중에 의한 순간처짐은 경간 L에 대하여 1/360 이내로, 전체 처짐 중에서 비구조 요소가 부착된 후에 발생하는 처짐량에 대해서는 모든 지속하중에 의한 장기처짐과 추가적인 활하중에 의한 순간처짐의 합이 경간 L의 1/240을 초과하지 않도록 하는 것이 일반적이다.

한편 매입형 합성보는 콘크리트구조 사용성 설계기준(KDS 14 20 30)에 따른 처짐 규정 및 최대 허용처짐을 적용할 수 있다.

단, 합성보는 일반 강재보와 마찬가지로, 고정하중에 의한 처짐량 이내에서 치올림(Camber)을 고려할 때, 전체 처짐에서 치올림(Camber)을 뺀 값이 이들 제한값을 초과하지 않도록 한다.

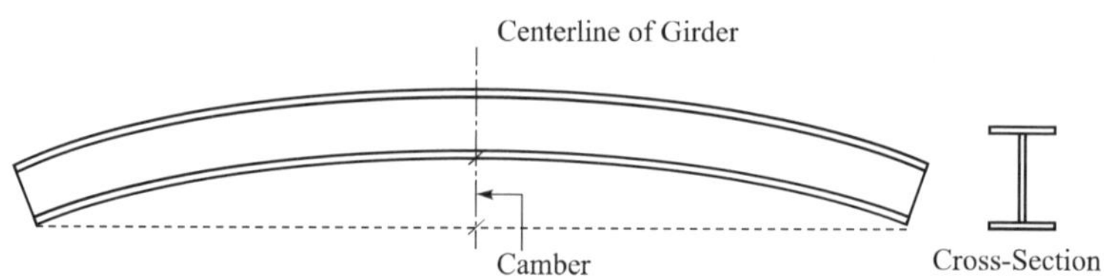

그림 9.24 보의 치올림(Camber)

9.4 합성기둥

9.4.1 합성기둥의 개요

합성기둥(Composite Column)은 구조용 강재와 콘크리트, 철근, 섬유보강재 등 다른 구조재료를 일체로 결합시켜 각 재료들이 가지고 있는 장점을 효율적으로 활용함으로써 안전성, 사용성, 내구성 등을 향상시킨 복합부재이다.

그림 9.25와 같이 일반적으로 합성기둥은 H형강, 각형강관, 원형강관 등 구조용 압연형강 또는 용접 및 조립 형강을 철근콘크리트 기둥 속에 매입한 매입형 합성기둥과 강관 속에 콘크리트를 채우는 충전형 합성기둥으로 나눌 수 있다.

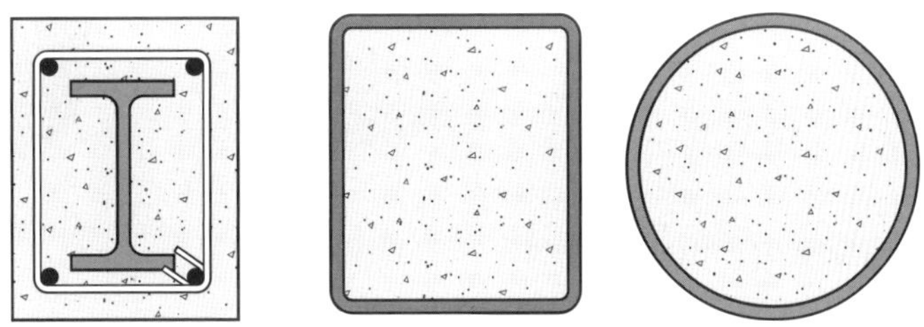

그림 9.25 대표적인 합성기둥 (a) 매입형 합성기둥 (b) 충전형 합성기둥

합성기둥에서 형강, 강관 등의 강재는 철근콘크리트 기둥의 주철근의 역할과 같이 압축 및 인장력의 축방향력과 휨모멘트에 대하여 저항할 뿐만 아니라 부재길이의 직각방향으로 작용하는 전단력에도 저항력을 발휘할 수 있고, 콘크리트와의 합성작용으로 각종 강성이 증가되어 강도 및 사용성이 우수하고, 내화성능의 향상을 가져올 수 있다.

또한 합성기둥의 강재는 콘크리트가 경화하기 전에도 단일 구조부재로의 역할을 함으로써 시공 시 발생할 수 있는 각종 외력에 저항할 수 있으며, 강재보와의 접합이 편리하여 시공편의성을 꾀할 수 있고, 거푸집 등 가설구조물의 절감 및 조립식 구조로서의 공기단축을 꾀할 수 있다.

그림 9.26은 현재 실무에서 많이 사용하고 있는 각형강관 속에 콘크리트를 충전한 각종 합성기둥의 구성을 보여주고 있는데, 여기서

각형강관은 압연강관 뿐만 아니라 성형강, 강판 등을 용접하여 만들기도 하고, 또한 강관 내부에는 또 다른 구조부재나 다이어프램, 스티프너 등을 설치하여 보강하기도 한다.

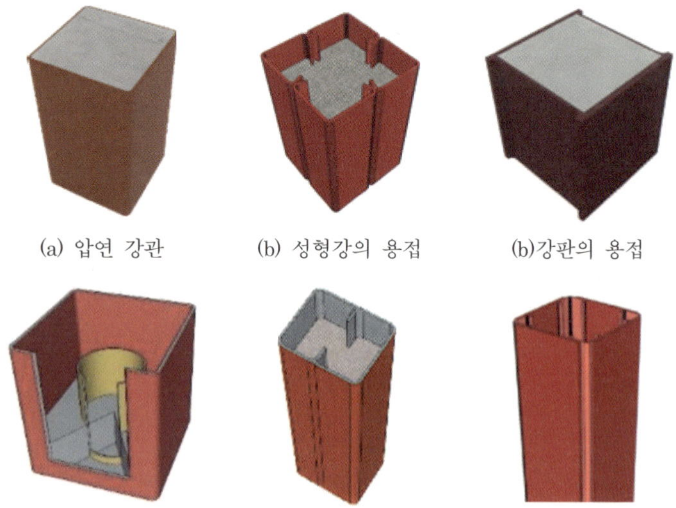

(a) 압연 강관 (b) 성형강의 용접 (b)강판의 용접

(d) 수직내 다이어프램 이중강관 (e) 내부보강 스티프너 용접 (f) 모서리 ㄷ형강과 판재 용접

그림 9.26 충전형 합성기둥의 구성

예제 9.5

합성기둥에 대한 설명으로 알맞지 않는 것을 고르시오.

① 합성기둥의 종류로는 크게 매입형 합성기둥과 충전형 합성기둥이 있다.

② 합성기둥의 형강 또는 강관은 축방향력, 휨모멘트, 전단력 등에 저항한다.

③ 합성기둥의 강재는 콘크리트가 경화되기 전까지 외력에 저항할 수 없다.

④ 충전형 합성기둥은 내화에 대한 추가적인 고려가 필요하다.

풀이

③ 합성기둥의 강재는 콘크리트가 경화되기 전에도 강재 단일부재로 외력에 저항할 수 있다.

9.4.2 매입형 합성기둥

그림 9.27 매입형 합성기둥 시공

매입형 합성기둥은 H형강, 각형강관 등의 압연형강 또는 용접 및 조립 형강을 철근콘크리트 기둥 속에 매입한 기둥이다. 내부에 매입되는 형강, 강관 등은 철근콘크리트 기둥의 주철근의 역할과 같이 압축 및 인장력의 축방향력과 휨모멘트에 대하여 저항할 뿐만 아니라 부재길이의 직각방향으로 작용하는 전단력에도 저항력을 발휘할 수 있다.

매입형 합성기둥은 그림 9.28과 같이 철근콘크리트 심부에 H형강을 매입한 형태가 가장 많이 사용되고 있는데, 이는 강성이 뛰어나고 내화에 유리할 뿐만 아니라 H형강 강재보와의 접합 및 시공이 편리하기 때문이다.

매입형 합성기둥 외곽에 설치되는 후프(Hoop)는 전단보강재의 역할 뿐만 아니라 내부콘크리트를 구속시킴으로써, 심부강재에 설치되는 스터드앵커(Stud Anchor)와 함께 합성효과와 힘전달기구로의 역할을 발휘시킬 수 있다.

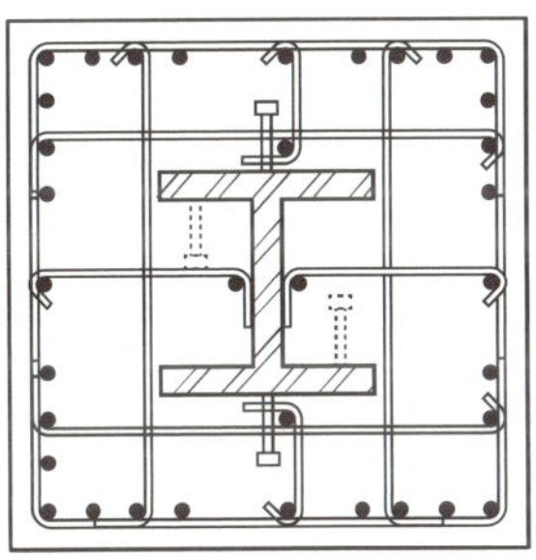

그림 9.28 매입형 합성기둥 단면

매입형 합성기둥의 특징

- 동일 단면크기의 철근콘크리트 기둥에 비해 높은 강도와 강성을 보유함.
- 강재 보 및 트러스와의 접합성능 및 시공편의성이 우수함.
- 콘크리트 내부에 강재가 매입되어 강재의 판좌굴을 고려하지 않음.
- 콘크리트 내부에 강재가 매입되어 추가적인 내화가 필요하지 않음.
- 콘크리트와 강재의 일체거동을 위해 후프(Hoop) 및 전단연결재가 필요함.

9.4.3 충전형 합성기둥

그림 9.29 충전형 합성기둥

충전형 합성기둥(Concrete Filled Steel Tube Column)은 원형 또는 각형 강관 속에 콘크리트를 채우는 콘크리트충전 강관기둥으로 일명 CFT기둥이라 부른다.

콘크리트충전 강관기둥은 중공강관기둥에 비하여 강관의 부담응력을 구속된 내부 콘크리트가 분담함과 동시에 콘크리트의 내력상승을 유도한다. 또한 그림 9.30, 9.31과 같이 내부 콘크리트는 강관의 국부변형에 대한 구속력을 발휘함으로써 강관의 단면적, 두께 등 단면치수를 줄일 수 있으며, 기둥의 전체좌굴에 대한 부재내력 및 강성을 증가시키는 장점을 가지고 있다.

또한 충전형 합성기둥은 건물의 초고층화 및 대공간화에 따라 강관의 크기가 커지면, 강관 속에 고강도 콘크리트 이외에 철근, 강재, 섬유보강재 등을 넣어 추가적인 구조적 내력을 확보할 수 있다.

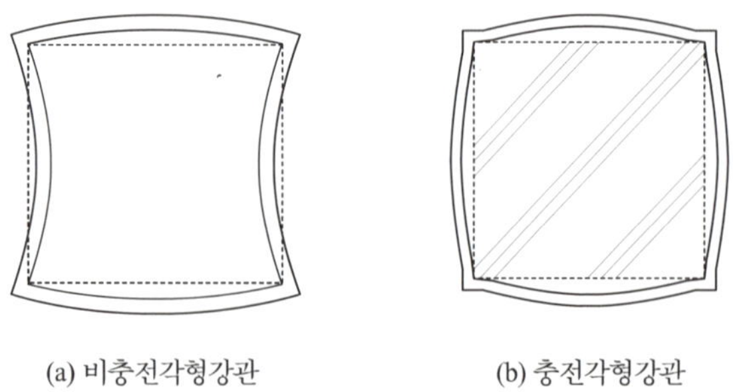

그림 9.30 콘크리트 유무에 따른 각형강관 좌굴형상(평면)

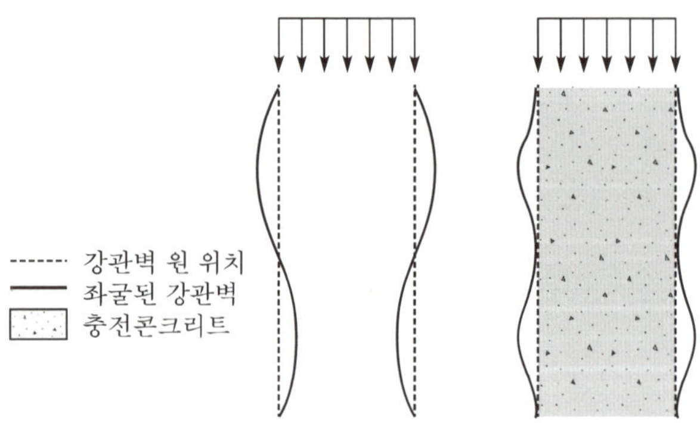

그림 9.31 콘크리트 유무에 따른 각형강관 좌굴형상(단면)

다만, 충전형 합성기둥은 폐쇄형 강재로 인하여 강재보와의 접합 방법이 다소 복잡하고, 완전한 콘크리트 충전을 위한 시공방법, 강관의 외기노출로 인한 내화에 대한 추가적인 고려가 필요하다.

❙ 충전형 합성기둥의 특징

- 내부 콘크리트에 의한 좌굴형상 변화로 압축에 대한 강관의 단면성능이 향상됨.
- 외부 강재에 의한 구속효과로 콘크리트 압축성능이 향상됨.
- 외부 강재로 인해 콘크리트 타설시 거푸집이 필요하지 않음.
- 강재가 외부에 노출되어 추가적인 내화에 대한 고려가 필요함.

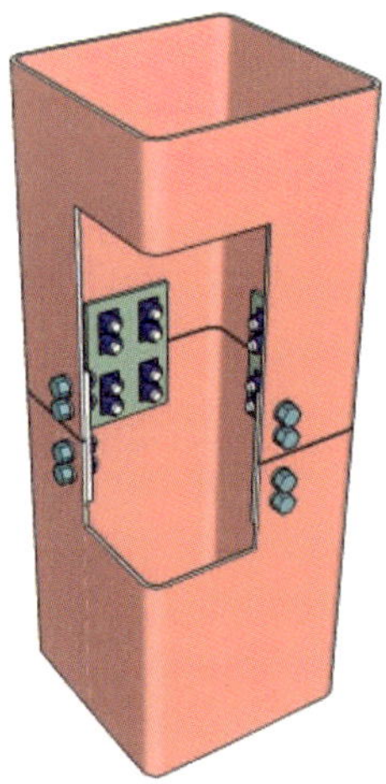

그림 9.32 충전형 합성기둥의 고장력볼트 이음

합성기둥은 이들을 구성하고 있는 강재에 대한 이음을 고려해야 한다.

매입형 합성기둥은 그림 9.33과 같이 심부에 매입된 H형강 및 형강을 이음하여야 하는데, 단일 철골기둥의 이음과 마찬가지로 고장력볼트접합, 용접접합, 고장력볼트와 용접접합의 병용접합이 주로 사용된다.

그림 9.33(a)에서 ①은 상, 하부 H형강 기둥의 단면 차이가 거의 없어 직접 이음판을 설치한 경우이고, ②는 플랜지 두께차를 고려하여 끼움판(Filler Plate)은 것이고, ③은 상, 하 기둥의 크기 차이 때문에 맞댐판(Butt Plate)을 사용하여 이음을 한 경우이다.

이때 매입형 합성기둥에 설치되는 주철근의 이음은 콘크리트구조기준의 철근이음상세를 적용하면 된다.

한편 충전형 합성기둥의 강관이음은 그루브용접(Groove Welding), 엔드플레이트용접(End Plate Welding), 고장력볼트접합 등이 적용될 수 있다.

그림 9.34는 충전형 합성기둥의 이음사례로, 그림(a)는 강관이음을 고장력볼트접합으로 하고 그 이음부를 콘크리트 슬래브 속에 매입한 경우이고, 그림(b)와 (c)는 용접이음을 적용한 것으로 강관용접 시 임시 고정형 가설형강을 사용한 사례를 보여주고 있다.

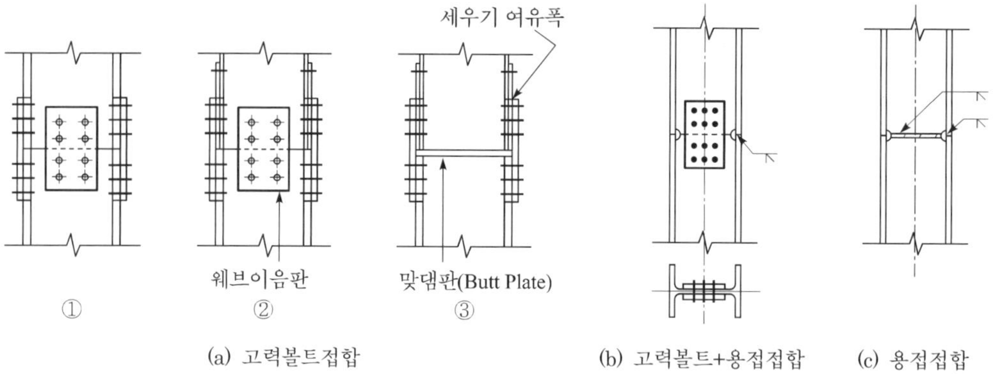

그림 9.33 매입형 합성기둥 이음

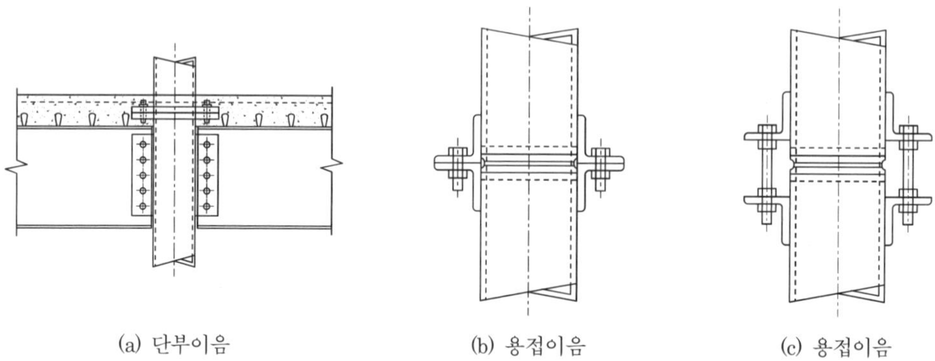

그림 9.34 충전형 합성기둥 이음

9.4.4 합성기둥과 보의 접합부

합성기둥과 보의 접합부는 철골기둥과 보의 접합부와 마찬가지로, 전단접합과 모멘트접합이 가능하고, 이들 접합은 고장력볼트접합, 용접접합, 병용접합 등이 사용될 수 있다.

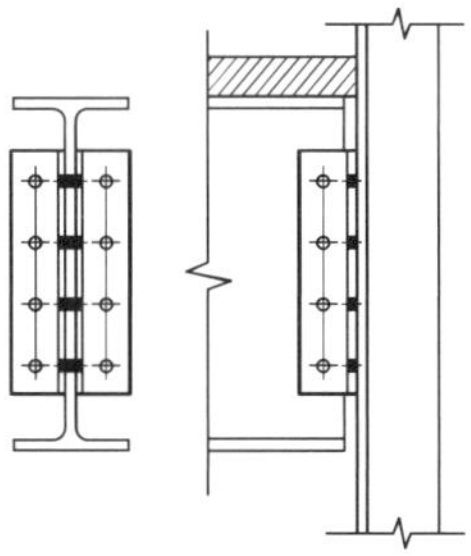

(a) 전체 볼트 접합

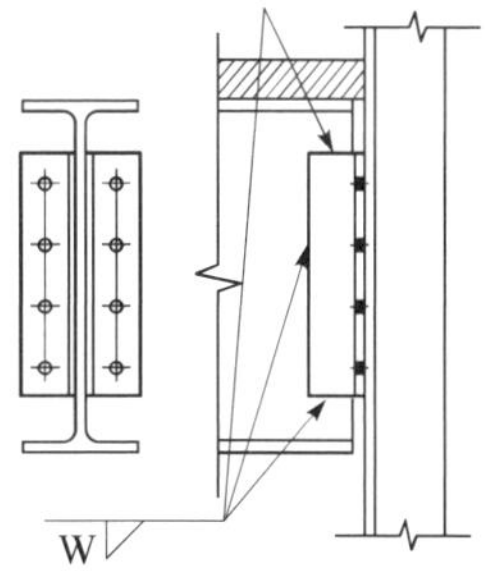

(b) 볼트/용접, 지지된 보에 ㄱ형강 용접

그림 9.35 합성기둥의 전단접합

그림 9.35는 합성기둥와 보의 전단접합 사례이고, 그림 9.36은 충전형 합성기둥와 강재보의 모멘트 접합이다.

이때 강접합 형태를 유지하기 위한 접합부인 패널존(Panel Zone)에는 다이어프램(Diaphragm)을 설치하기도 한다. 다이어프램의 종류에는 그림 9.36과 같이 관통 다이어프램, 내측 다이어프램, 외측 다이어프램 등이 있다.

연습문제

1) 합성부재에 대한 설명으로 알맞지 않는 것을 고르시오.

① 2가지 이상의 부재를 일체화시키는 합성효과를 발휘시키는 복합구조부재이다.
② 철골·철근콘크리트부재 또는 강합성부재로 부르기도 한다.
③ 종류로는 합성슬래브, 합성보, 합성기둥, 합성가새, 합성전단벽 등이 있다.
④ 노출형 합성보는 H형강 강재보와 콘크리트슬래브로만 구성되어있다.

[답] ④

2) 합성부재에 대한 설명으로 알맞지 않는 것을 고르시오.

① 합성슬래브는 콘크리트와의 부착성능 및 일체성이 확보된 합성용 데크플레이트를 활용한다.
② 데크플레이트는 합성슬래브용으로 사용되기도 한다.
③ 노출형 합성보에서 철근콘크리트 슬래브와 강재보가 완전합성된 상태에서도 미끄럼이 발생할 수 있다.
④ 충전형 합성기둥은 강관이 외기에 노출되어 내화에 대한 추가적인 고려가 필요하다.

[답] ③

3) 합성보의 설계휨강도에 대한 설명으로 알맞지 않는 것을 고르시오.

① 매입형 합성보는 횡좌굴 및 강재의 국부좌굴에 대하여 고려하여야 한다.
② 매입형 합성보는 설계휨강도 산정 시 완전합성으로 간주할 수 있다.
③ 정모멘트가 작용하는 노출형 합성보의 설계휨강도는 강재보와 철근콘크리트 슬래브가 합성효과를 통해 구속효과에 의하여 횡좌굴이 발생하지 않는 것으로 산정한다.
④ 부착파괴가 일어난 후에도 강재보 자체만의 설계휨강도는 유지할 수 있다.

[답] ①

4) 합성기둥에 대한 설명으로 알맞지 않는 것을 고르시오.

① 합성기둥의 형강 또는 강관은 축방향력, 휨모멘트, 전단력 등에 저항한다.
② 합성기둥의 종류로는 크게 매입형 합성기둥과 충전형 합성기둥이 있다.
③ 매입형 합성기둥의 콘크리트 내부에 매입되어 있는 강재에 대해서 내화를 고려해야 한다.
④ 충전형 합성기둥은 강관의 크기가 크면 내부에 철근, 강재, 섬유보강재 등을 추가할 수 있다.

[답] ③

참고문헌

9.1 국토교통부 건축구조기준 (2022). “건축물 강구조 설계기준 KDS 41 30 10 : 2022”, 국가건설기준센터

9.2 국토교통부 건축구조기준 (2022), “건축물 콘크리트구조 설계기준, KDS 41 20 00 : 2022)”

9.3 국토교통부 (2022), “건축공사 표준시방서”

9.4 한국강구조학회, 한국건축구조기술사회 (2019), “합성구조 설계매뉴얼”, 구미서관

9.5 한국강구조학회 (2019), “KDS 41 31 00 : 2019에 따른 강구조설계”, 구미서관

9.6 한국강구조학회 (2016), “KBC 2016 합성구조 설계매뉴얼”, 구미서관

9.7 국토교통부 구조설계기준 (2016), “콘크리트구조 해석과 설계 원칙, KDS 14 20 10 : 2016)”

9.8 대한건축학회 (1998), “합성데크 바닥구조 시공지침서”

9.9 김두호 저 (1991), “합성보의 설계와 시공”

9.10 김규석 저 (1992), “철골구조학”

9.11 강도안 외 16인 공저 (2004), “알기쉽게 풀어쓴 건축구조이야기 건축구조개론”

9.12 American Institute of Steel Construction, Inc. (1989).“Specification for Structural Steel Buildings –Allowable Stress Design and Plastic Design”.

9.13 American Institute of Steel Construction, Inc. (1999).“Load and Resistance Factor Design Specification for Structural Steel Buildings”.

9.14 American Institute of Steel Construction, (2011).“Steel Construction Manual, 14th Ed. (Print)”.

9.15 Eurocode 4 Editorial Group (1992).“Eurocode No. 4, Design of Composite Steel and Concrete Structures”.

9.16 Geschwindner, L. F. (2011). “Unified Steel Structures“. John Wiley & Sons, Inc.

9.17 Structural Stability Research Council Task Group 20 (1979).“A Specification for the Design of Steel–Concrete Composite Columns”.

9.18 William T. Segui(2018). “Steel Design”, 6th Edition, Cengage Learning.

9.19 Ivan M. Viest, Joseph P. Colaco et al. (1997).“Composite Construction Design for Buildings ”.

찾아보기

집필진 (가나다순)

권용근	㈜ 하이구조 대표이사, 건축구조기술사
김성배	더나은구조엔지니어링, 소장, 공학박사
김진국	서울과학기술대학교 건설시스템공학과 교수, 공학박사
김희동	인하공업전문대학 건축학과 교수, 공학박사
신진원	가톨릭관동대학교 건축공학과 교수, 공학박사
임지훈	현대제철 기술연구소 책임연구원, 공학박사
최성모	서울시립대학교 건축학부 교수, 공학박사
최인락	호서대학교 건축토목공학부 교수, 공학박사
최준혁	부천대학교 토목공학과 교수, 공학박사

강구조 정가 20,000원

저 자 : 한국강구조학회

발행인 : 임정대
발행처 : 도서출판 구미서관

발행 : 2024년 1월 12일

등록 : 1979년 6월 29일 No.9-6호
주소 : 서울시 마포구 신촌로 2길 5-15 구미빌딩
전화 : 02-333-1101
팩스 : 02-335-2201
http://www.goomibook.com

ISBN 979-11-6257-277-1 (93540)

저자와의 협의 하에 인지를 생략합니다.
파본이나 잘못된 책은 교환하여 드립니다.

복제불허